守住你
热爱

哈爸 著

電子工業出版社
Publishing House of Electronics Industry
北京 • BEIJING

图书在版编目（CIP）数据

守住你的热爱 / 哈爸著 . —北京：电子工业出版社，2024.1

ISBN 978-7-121-46966-4

Ⅰ. ①守…　Ⅱ. ①哈…　Ⅲ. ①成功心理－通俗读物　Ⅳ. ① B848.4-49

中国国家版本馆 CIP 数据核字（2023）第 252246 号

责任编辑：杨雅琳
印　　刷：三河市良远印务有限公司
装　　订：三河市良远印务有限公司
出版发行：电子工业出版社
　　　　　北京市海淀区万寿路 173 信箱　邮编：100036
开　　本：880×1230　1/32　印张：9　字数：210 千字
版　　次：2024 年 1 月第 1 版
印　　次：2024 年 1 月第 1 次印刷
定　　价：79.00 元

凡所购买电子工业出版社图书有缺损问题，请向购买书店调换。若书店售缺，请与本社发行部联系，联系及邮购电话：（010）88254888，88258888。

质量投诉请发邮件至 zlts@phei.com.cn，盗版侵权举报请发邮件至 dbqq@phei.com.cn。

本书咨询联系方式：（010）88254210，influence@phei.com.cn，微信号：yingxianglibook。

推荐序

PREFACE

经济困境下，
一个中年男人的“自我救赎”

---->哼 妈

» 一

这两年我又开始记账了。

这是一种“类应激反应”——只要我对家庭经济态势抱有某种警觉，我就会仔细记账——试图从分分角角的走向上，寻找减缓颓势的一切可能。

两年前哈爸辞职了。

当时疫情正盛，很多公司陷入困境，很多人被迫失业，哈爸逆着人潮，选择了主动辞职，从他自己一手创办的公司。

他给出的理由是：他已经完成了在公司里的使命。他只是选择了另一种姿态和更合宜的位置，继续守望。

我内心溜达出一排字幕：呵，男人，少年，果然！

» 二

有一种男人，终其一生都在寻找。

寻找他内心价值感的安放之地，寻找他能为之生、为之死的事业，寻找真正属于他的战场。

我恰好遇到了这样一个男人。

在我十多年的婚姻生涯中，哈爸一次又一次、一年又一年地和我探讨同一个问题："我该做什么？我的价值是什么？"

问我，更是在问他自己。

由此带来的彷徨与不安在2021年攀上了顶峰，以至于他几乎以一种不管不顾的姿态冲出"无法体现价值"的职场。

顺理成章地，他也冲向了漫无方向的"人生荒原"。

» 三

哈爸变得焦虑，变得无措。

他曾经一天投100份简历，然后指给我看："没人需要我！"真是像极了一个孩子搞砸了事情后，在大人极力安慰和鼓励时，他却故意把事情搞得更糟，然后赌气地说："你看，我就说了我不行！”

他也曾经试图把我们的房子卖掉全力炒股，并以一种近乎偏执的态度阐述那套“投资股票可以成为未来生活方式”的理论——我这张嘴，做了那么多年商业财经访谈，却愣是说不通一个立志炒股致富的“半吊子”。

…………

一边是没有安稳的经济来源，一边是上有老下有小的经济刚需，此时的哈爸，有点像风箱里的那只老鼠，两头奔跑，却没有出路。

» 四

突然就静了下来。

哈爸开始跑步，每天7000米。即使天气不好，只要不是下大雨他都要坚持跑。去外地办事也要带上跑步鞋和运动衣。他说跑步可以让他快乐起来。

哈爸开始写作，日夜兼程的那种。以一种我不可理解的心态写作，类似日记或流水账，又像是自我倾诉。没有谋篇布局，没有立意和构思，我不懂这种写作，他冲击了我的写作观。但他说这种写作可以让他快乐起来。

他每天早上5:30起床，晚上22:00睡觉，中午午睡。

他卸载了抖音，没有再重装斗地主，关闭了视频号。

…………

他发福的肚子平下去了。纠缠多年无法治愈的鼻炎好了。

他把自己照顾得很好。

不再焦虑，不再暴躁，身体更加健康，情绪更加稳定。

» 五

两年过去了。

身边越来越多经济焦虑的声音——“开源”越来越难，“节流”又感觉于事无补。大家似乎都在着急“要搞点啥”。

像个陀螺，被生活抽打，忙碌旋转，却依旧在原地不得其法。

哈爸一直说自己是个很笨的人。在我看来，这个笨男人好像这次大聪明了一把。

被经济压力的鞭子抽打又茫然时，且先离开那条不停抽下来的鞭子，先停下来照顾自己，发掘自己那些被掩藏的热爱，在热爱中一点点修整自己。

如同一场“自我救赎”。

如今，我们家的经济状态并没有明显起色，但我的账却又记得有一搭没一搭的了。

人对了，事情终究会对的。

哼妈

目录
CONTENTS

PART 1 9月：寻找

PART 2 10月：确认

PART 3 11月:笃定

PART 1

9月：寻找

没什么兴趣的人最可怜？

----> 2022.9.22

2019年，青豆书坊的CEO王媛老师面对面听我讲完《香草山传奇》后，就说我后半辈子可以做一个儿童文学作家。那时《香草山传奇》还没出版。

可几年过去了，我并没有写出新作品。我想这不能归因于外在环境。100多年前，英国一家报社提出一个问题并征集大家的答案："这个世界的问题出在哪里？"作家G.K.切斯特顿的回答很简洁："在我。"

是的，写不出作品的责任"在我"。2019年上半年写完《香草山传奇》后，我花了一两年时间写儿童文学作品，几经努力无疾而终。

要知道，公司有CEO方华管理，并不需要我这个创始人做什么；家里有妻子哼妈照料，井井有条。

可以说，我没有后顾之忧。可现在的生活让我觉得没来由的沮丧、焦虑、压抑，看不到希望，没什么正能量，尽是劳苦烦愁。这种感受没法对别人说，哪怕是哼妈。不过，即便我不说，她也看出了端倪。哼妈担心我“躺平”。她希望我有点事做，哪怕做的事情不赚钱。那么，无所事事是不是就是我痛苦的根源？我这么痛苦，就因为“闲的”？

在《人间值得》这本书里，作者中村恒子说：“过多的‘空闲’，有时会带来负面影响，‘适当忙碌’的状态反而更好……88岁之前，我每周都工作6天，而且每天工作满满……即便在家，我也不闲着。”1929年出生的她是一名心理医生，90多岁了还在工作。

《人生只有一件事》的作者金惟纯也说过，他十几年前进入了世俗定义的人生顶峰和超级舒适圈后，就随兴所至地生活，家中无事、生活悠闲，但是这样的日子过了几年，看起来春风得意，内心却日渐空虚。他开始问自己：生而为人，我到底是来做什么的？

同样地，我也不能闲着，我一旦无所事事就会觉得看不到未来，看不到希望。我要找到一件能填满生活并且乐在其中的事。我喜欢做什么？玩斗地主游戏？刷短视频？……不，这些只是嗜好，我要找到的是兴趣爱好，后者才是让我变得快乐而充实的关键。

周国平说：“一个人在世界上生活，一定要有自己真正喜欢做的事，一定要有自己的真兴趣和真本事，这是人生幸福的重要源泉。一个什么兴趣也没有的人是最可怜的……相反，你有自己真正喜欢做的事，不管作为专业还是业余爱好，你钻研进去，乐在其中，把它做到你所能做的最好的程度，你的心情是快乐的，你的生活是充实的。”

什么兴趣都没有的人最可怜？我现在做什么才会觉得快乐、充实？写作？是的，写作的确让我快乐，但我还不够充实。因为我还不是一个能够稳定写作、稳定输出的作家。

怎样成为一个能够稳定写作的人？我想，持续写作是关键。《成为作家》一书给出了一些建议，作者多萝西娅·布兰德说：“我要发出你在本书中能找到的、最严肃的警告——如果你总是做不了这个练习（早起写作），就放弃写作吧。你对写作的抗拒实际上要大于你对写作的愿望，迟早你都会找到其他途径释放你的精力。”

现在，我要认真对待她“最严肃的警告”。她说的“早起写作”是指：

比你习惯的起床时间早起半小时或一个小时。尽可能地早起——不要说话，不要读报纸，不要抓起你前一天晚上放在身旁的书来读——立即开始写作。想到什么写什么……现在你的基本目的不是写出不朽的文字，而是写下任何文字，只要不是一派胡言就行。

再次重申，你现在做的其实是在半睡半醒和彻底清醒之间，锻炼自己进行纯粹的写作。即使你写下的段落乱七八糟，你的思想模糊不清或不切实际，你的念头混沌难解，那也无碍这种练习的成功。忘掉有人会批评你；要知道，除非你愿意示人，没有人会看到你现在写的东西。如果可以，你就坐在床上写在笔记本里。如果这个时间段你能打字写作，那就更好了。只要你有时间，尽可能地多写，或者一直写到你筋疲力尽。

第二天早上重新开始，不要重读你已经写下来的东西。一两天之后你会发现你可以轻而易举、毫不费劲地写到一定的字数。当你发现了那个限度，就要开始多写几个句子，然后逐渐增加到多写一两段。再过一段时间，在你停止早上的写作之前，想办法多写一倍。

写什么都行。不管内容有没有意思，不管是押韵的五行打油诗还是无韵诗；写写你对上司、秘书或老师的看法；写个故事大纲或对话片段，或描写一个你最近注意到的人。不管写得多么缺乏连贯、马虎潦草，都要坚持写下去。如果你必须写，你就能写。“我发现这个练习相当困难”，那么写出来你认为造成这种困难的理由。一天一天地改变抱怨，直到你再也不会觉得困难。

如果这些练习做得很好，你应该有充足的素材进行第一次检查了。在此之前，你最好抗拒重读你的作品的诱惑……（当你）回过头来，平心静气地仔细检查，再看看有何发现。你会觉得那些写作非常有启发……你在培养写作习惯时写下来的成摞的纸张，对你来说是素材积累的无价之宝……这些随兴所至的写作手稿通常很有趣，经过一些修改加工就能变成令人满意的作品。

今天，在我写下这些文字的时候，任溶溶老先生离开了我们。他已经100岁了，在他生命中很漫长的一段时间里，他都在创作儿童文学，笔耕不辍。也许就从今天开始，我可以做出一些改变，让今天成为我新的起点：在今天，我要立志成为一个终身创作的作家。那么，就从“刻意练习”早起写作开始，看看写作是不是我的真兴趣、真爱好，看看能否通过写作释放自己的精力。我也要看看，这样随意写下来的文字是不是“无价之宝”，能不能经过“一些修改加工就变成令人满意的作品”。

不管怎么说，我现在就有点重燃希望的感觉。万物之中，希望至美。

哪怕只是为了快乐

----> 2022.9.23

中国台湾作家莫非老师在《写还是不写，那是个问题》一文的开篇就写道："文学艺术创作里的诱惑多，求名、求利、求完美、争竞忌妒或者感情浪漫，但真正创作中最大的诱惑却是——放弃。是的，放弃，是创作中最大的诱惑。"我想，放弃不仅是创作中最大的诱惑，在婚姻中、在工作中、在任何兴趣爱好中莫不如此。

前段时间，我又没能抵挡住诱惑——放弃了。这几个月没写作我过得怎么样？并没有像想象中一样松了一口气，反而让我觉得生活充满困难，没有希望。这段时间，我"丧"到不想动弹。虽然在别人看来，我的生活是值得羡慕的，我现在是身在福中不知福，自找苦吃。

前些日子，方华感受到我的消沉和颓废，就对我说，你想干什么就去干。哼妈也对我说，我放你年假，你休息几个月，去见见人，见见于国祥老师他们，散散心、开开眼。我很感激方华对我的善意，也很感激哼妈对我的爱，但我不想去。

哼妈问我，那你想干什么？我说我还是写作吧。哼妈表示赞同。我又说，我之前也下过几次决心要写作，但都失败了。她说，没关系，我看重的是你努力的姿态，不是结果，结果不在我们的掌控之内，但你得想想你为什么写作，只有想明白这点，你才能想明白自己为什么放弃。

为什么写作？为了赚钱吗？我的确想通过写作赚钱，实际上又没赚到。结果就是失望，进而放弃写作。此外，我还想我的作品有价值。我想写小说，写儿童文学，写不出来就会痛苦继而放弃写作。

不管是什么原因让我放弃写作，后果都很严重，正如莫非老师所说：“骨子里却总是流窜着创造力或表达抒发的渴望，如鲠在喉……不吐不快……没有催逼，也无须鼓励，只觉得不写，就不能活。”那么，现在我为什么写作？我想，是为了快乐，是为了让自己开心，让自己不至于过得浑浑噩噩。

斯蒂芬·金在《写作这回事》中说：“我写作是为了自我满足。我也许借此还清了房贷，送孩子上了大学，但这都是附加的好处，我图的是我能沉醉其中的那种乐趣，为的是纯粹的快乐。你如果是为了快乐而做事，就可以永远做下去。”

在《写作的禅机》中，雷·布拉德伯里写道：“对我们很多人来说，不写作，毋宁死。记得某位钢琴家说过，一天没有练琴，只有他自己知道；两天没有练琴，评论家就会发现；超过三天还没有练琴，他的听众一听便知。对作家来说也一样。如果你没有每天坚持写作，‘毒素’会逐渐堆积，而你的作品也会逐渐死去，或表现得疯狂，抑或两者皆有。你必须醉心于写作中，现实才不会摧毁你。”

雷·布拉德伯里还有一段让我深有同感的文字：“这一路走来，我意识到自己一天不写作，便会浑身不舒服。两天不写作，全身都在颤抖。三天不写作，就会怀疑自己是否疯了。若是到了第四天仍不写作，我可能就如同一头野猪，绝望地在逐渐干涸的泥坑中打滚。这样的时刻，一个小时的写作便是解药。”

过去几个月不写作，我确实累积了很多“毒素”，会把自己毒死，也会毒害身边人。我写作我快乐，我的快乐会感染人；不写作就不快乐，所以我必须写作。这就是我写作的目的和意义所在。

事到如今，我不能再带着功利心去写作了。我每天跑步是为了赚钱吗？不是的，就是为了开心。我跑步甚至不是为了减肥，不是为了健身，跑步就是为了开心。对待写作，我应该也是这种态度——只为快乐而写作。我不能寄予写作过高的期望，这样只会败坏我的写作兴趣，让写作无以为继。我不会因为不赚钱而不跑步。同样地，我也不能因为未获取名利而不写作。

之前也有别的诱惑导致我不再写作：当我想着把公司做大做强甚至上市时，我就顾不上写作；当我沉浸在玩斗地主游戏、刷短视频时，我就没心思写作；当我想要写得有价值时，我就无法写作……

每次我放弃写作后，我会变得很颓唐。用莫非老师的话形容我最为贴切——“写，是生存之必要”。

既然如此，那就调好闹钟，每天5:30，早起写作。《成为作家》《写作这回事》《写作的禅机》给出的建议都是：固定一个写作时间，想写什么就写什么。

以前我想写儿童文学，写不出来时我就会觉得痛苦。倒不如听从这几位导师的建议“想写什么就写什么”，怀揣着这样的念头，我写出现在这样的文字。这样的写作会带给我快乐。有时，我也会怀疑这样写出来的文字没有价值；也会思考要不要继续写我认为没有价值的文字。我的答案是——要的。哪怕只是为了快乐也要写。

只有写了，我才能确定过去几个月的痛苦是不是因为没有写作才产生的。就像一条小鱼，离开水后就无法呼吸。只有经过窒息的痛苦，小鱼才知道自己离不开水。

写作是我的“水”吗？

撞出来的幸福

----> 2022.9.24

早上5:30，闹钟一响，我立刻起床，打开电脑开始写……拉拉杂杂写了2000字，这些字有价值吗?

按照《成为作家》的说法，先别管这些。写作的第一步就是想到什么就写什么，不必看刚刚写过的文字。过一两个月甚至更长时间后，再回头“检查一遍”，那时你或许就可以发现自己究竟喜欢写什么，自己能写好什么。

我现在的写作计划就是这样的：5:30起来写作，在孩子们上学前，我最起码能写1小时。晚上孩子们睡觉后，我再写一会儿。如果白天有时间也写一写。

如果天天写这么长时间，还只能写这样的文字，那我也没有什么好说的，索性就只把写作当成一件让我快乐的事，就像跑步一样。毕竟这样写出来的文字，对别人没什么益处，只是让自己开心。不过，我也期待写着写着，在把这样的文字都写完，把脑子都掏空后，就能够挖掘到潜意识里所埋藏着的“故事化石”。

“故事化石”是斯蒂芬·金创造的比喻，他在《写作这回事》里说：“我相信故事犹如埋在地下的化石，是被人们发掘出来的……”

如果故事不是构思出来的，那么，好的作品是构思出来的吗？还是说，也是写着写着就能发现脑海中的“化石”？如果一直发掘不出好的故事，写不出好的作品，我还会坚持现在这种写作强度吗？我想我应该是可以做到的。无非每天花2小时写作而已。

我是一个容易多想的人，总有一些想法在脑子里转来转去。要知道，多思多虑，人一旦想多了便容易陷入愁苦情绪中。想太多的人就应该把想法倾倒出来，像倒垃圾一样。向人倾诉有时候不太好，因为别人不是“垃圾桶”。我更愿意通过文字的方式来倾诉，想到什么就写什么，写出来就痛快了。这种倾诉方式，成本低也不会给别人造成困扰，实现起来更方便。对我来说，写作是倾诉，写作是排毒，写作是一种叙事疗法，对像我这种想太多的人有帮助。

为什么说写作对于我来说是排毒呢？因为我脑子里的这些想法不是那么明确，往往比较偏负面。这些想法像一团乌云，像一个黑球，在我脑子里、在我身体里撞来撞去。这样我的“内伤”就很重，换一种大众比较容易理解的说法就是“内耗”大。

我对自己有比较清晰的认知，我是容易内耗的体质，比较敏感，比较“玻璃心”。有时候别人说一句话我会想半天；我也会为一个想法、创意而不眠不休……

这些想法与创意，我之前不是把它们写出来，而是努力要把它们变为现实。这就是所谓的“从0到1”，就是创业。例如，10多年前，我花了两三万元做了一个公益网站。但用哼妈的说法是，做好的当天我就对它弃如敝屣。

于是，我想，还是把创意、想法写下来为好，而不是把它们做出来。创业成本很高，写作最为经济。把想法写下来后，我可以在纸上分析成功的可能性，而不是通过行动来验证，试错的成本低了。

创业需要不断试错，追求幸福同样需要尝试。在《纳瓦尔宝典》这本书里，企业家纳瓦尔说：“要掌握获取幸福这个技能，你需要不断试错，通过亲身体验找到哪些方法有用。”对此我很认同。有些人通过跑步获得幸福，有些人通过跳绳获得幸福……

在尝试了很多方法后，我觉得毫无压力地表达（倾诉），就是我获得幸福的方法。毫无压力地表达的方式多种多样。对我来说，最好的表达方式就是写作，想到什么就写什么。

对有些人来说，写作不是他们能够获得幸福的方式。没有关系，找到适合自己的就好：自言自语、找知己倾诉、找心理咨询师倾诉、找导师倾诉……哼妈有几个闺蜜，她可以毫无压力地向她们倾诉。我认为这是她长年保持情绪稳定、快快乐乐的原因之一。

除了写作，跑步也是让我幸福、身心愉悦的方式。我不是说每个人都要和我一样去跑步，但每一个人都应该找到让自己身心愉悦的方式。

我想，在寻找让自己幸福的方式的过程中，要允许自己尽可能多地去尝试。人生阶段不同，境遇不同，喜欢的事可能也会不同，多尝试才能发现让自己快乐的事情。我在上小学、初中时喜欢打乒乓球，上高中、大学时喜欢踢足球，人到中年喜欢跑步。万科的创始人王石先生也在不同的年龄喜欢不同的运动项目。《坚韧》一书的作者张晓萌教授说她无意间喜欢上了拳击，这谁能想到呢?

这让我想起美国密歇根大学教授卡尔·韦克做过的一个实验，他把6只蜜蜂和6只苍蝇同时装进一个玻璃瓶里，并将瓶子横放，瓶底朝着窗户，观察它们谁先飞出去。结果6只勤劳的小蜜蜂一次次地撞向瓶底，试图从这里飞出去，直到筋疲力尽，奄奄一息。那6只苍蝇可不管什么瓶底和瓶口，它们只是在瓶子里乱飞乱撞，结果不到2分钟便纷纷从瓶口逃之夭夭了。

不断尝试，总能找到出路，总能找到自己喜欢的方式。像苍蝇那样“撞出去”后，再学习蜜蜂一根筋地向着明亮那方飞翔。

照顾自己不是自私

----> 2022.9.25

在《纳瓦尔宝典》中，企业家纳瓦尔说：“我永远都在工作，但是，别人眼里的工作于我而言就像是玩耍。正因如此，我才确信没有人可以在我的领域与我匹敌。因为我觉得工作就是玩耍，所以我可以一天玩16小时。如果有人想跟我竞争，那么他们肯定会输，因为他们不可能一周工作7天，每天工作16小时。”

纳瓦尔有像玩耍一样的工作，我也有像玩耍一样的工作，那就是写作。我每天可以写16小时吗？我不敢这么说，但我写起来就像是在玩耍。我想到什么就写什么。

当我脑袋里空空，似乎没什么可写时，我就去阅读。一旦阅读，我的脑子里就有东西，我就又可以写。多读多写，这是写作的第一条金律。

原来我是在有创意、想法、灵感时，才会没日没夜地写，如我写《香草山传奇》时。可是这样的时刻往往是短暂的，且不可持续，现在我不管有没有创意、想法、灵感，我都写，一直写。

我且不去看这些文字是好是坏。这样的写作对我来说不费吹灰之力。

这样的写作不是我的任务，而是游戏，就像我喜欢玩的斗地主一样。与玩斗地主相比，写作这种游戏，能带来更多正向的体验，它带给我的快乐是长久的，不会让我在体验了短暂、即时的快乐之后陷入浪费时间的自责之中。在我沉迷于写作时，哼妈也会对我有正面评价。

只要我写，不管写的是什么，就有正面的附加值。最重要的是，我在写的过程中是开心的。这是一种照顾自己、给自己赋能的行为。我曾经邀请蒋佩蓉老师做了“智慧妈妈十二商”讲座，十二商的第一商就是“我商”。她说：

你不能从空杯子里倒出任何东西，所以，请先照顾好你自己。

只有我们自己的杯子满了，才有能力去滋润别人。这不是自私，而是智慧。

如果我们想让自己的家充满爱，就需要定期保养自己、照顾好自己，才不会让家庭，尤其是孩子，成为我们的受害者。

如果一个人长期、一味地只关注别人的需要，忽视甚至牺牲自己的需求，她迟早会陷入怨恨、苦毒或自怜中。

我觉得我就属于这种没有智慧的人，常常关注别人的需要，而疏于关注自己。之前我看到“自我关怀”这一类字眼就会跳过。有人送给我一本《自我关怀》，我没看，光从书名就觉得不好，不符合我当时的价值观。那时，我不觉得一个人应该自我关怀，因为我认为一个人没有能力照顾自己，正如一个人没办法从泥潭里把自己拉出来。

现在，我很认同蒋佩蓉老师的说法，要培养“我商”，要照顾自己。只有先照顾自己，才能照顾别人，照顾世界。这不是自私，而是智慧。

怎样照顾自己？蒋佩蓉老师提了几点建议：

需要健康的饮食习惯和固定的运动习惯。

需要不断学习和成长。

知道什么让我们的“油箱”填满，什么让我们“漏电”……好好思考和列出可以填满你“油箱”的爱好。当压力来的时候，可以叫暂停，去充充电。

要有自己的社交圈。

可以尝试找一个导师。

是的，健康是第一位的，是基础。平时，哼妈和小哼都是快快乐乐的。但小哼最近感冒了，情绪就很容易低落。哼妈也一生病就“哎哟喂”地唉声叹气。

如今，在我看来，一个人要照顾自己，无非是做一些自己喜欢的、力所能及的事，这就是在给自己充电。我探究自己前阵子能量很低、很沮丧的原因，归结为我只做了消耗自己的事情——直播带货。在我尝试做好直播带货的过程中，我没有时间和精力去做自己喜欢的事，那些填充我“油箱”的事情，如跑步、阅读、写作。再者，因为直播带货确实很辛苦，我觉得要犒劳自己，要放松，就去玩斗地主。这种“犒劳”没有填充我的“油箱”，反而让我“漏电”。

哼妈是一个有智慧，会照顾自己的人。平时，她比我照顾别人尤其是照顾家人更多。在晚上陪孩子们睡觉的时候，她会看一会儿网络小说，这是她一天中难得的、照顾自己的时间，能够得到放松。

但对我来说，看网络小说就不是照顾自己，因为我不喜欢看，看完后还会觉得愧疚。在我看来，看网络小说像玩斗地主游戏一样。

所以，你看，甲之蜜糖，乙之砒霜，适合自己最重要。

喜欢、擅长且被需要

----> 2022.9.26

今天中午去见了黎总，我才知道他放弃了“采之”。“采之”是他的创业项目，一个收藏、下载不同平台短视频的工具，当初我提了不少建议。他们开发了大半年，功能基本具备了，但没上线。

既然他放弃了，我就问他能不能把代码给我。我想看看“采之”是否能切中一些人的需求。他没提什么条件就答应了。只是他说还要跟他的两个创业伙伴忠哥、姗爷交代一下。忠哥和姗爷会不会同意？这让我有点担心。现在还有一个情况让我担心，那就是写《大肚鸡》的计划是否能落实。

今天早上我送小哈上学时，他突然对我说，他的同学看了我写的《香草山传奇》后希望我写更多给孩子看的东西。两天前，我收到一条微信，有一个妈妈对我说：“哈爸您好，想跟您说，孩子非常喜欢您的《香草山传奇》，我们已经读到第五本了。这两天（孩子）跟我说，妈妈你能让哈爸再接着写哈皮猴的故事吗？我还没有看够呢！孩子是真心喜爱，故事跌宕起伏，小伙伴们的历险扣人心弦，希望哈爸继续创作更多的作品哦！支持您！”

我也希望自己还能给孩子们写故事。但尝试过很多次，一再失败。作家余华说，他有一天想到《活着》这个书名觉得很好，就开始写。我有一天也突然想到了一个很好的书名——《大肚鸡》。书名有了，故事的灵感也就有了，可是我一直没有想到好的情节。大肚鸡是一只母鸡，肚子挺大，却不怎么下蛋，接下来会发生什么？我写不出来。过去只要我的好奇心足够强，我就能看见，就能想象，也就能把所看见、所想象的写下来。但是，我现在看不见，想象不到，也写不出来……

不管是“采之”，还是《大肚鸡》，如果做不出来、写不出来，都会让我感到焦虑。为什么？可能是因为自己太急于得到结果，没有等待的耐心。我为什么着急？我在跑步上着急吗？我会期待跑步出什么结果吗？不会的。因为我深信跑步一定能让我身心健康。那我为什么在另一些事上急于要成果呢？

也许是想不清楚，我昨晚睡不着，半夜起床刷手机视频，正好刷到俞敏洪老师针对职场关系的演讲片段，他特别强调，每一个人都是为一件大事而来的，一个人务必要找到自己人生中的那一件大事。他说：“我们一辈子就是为一件大事而来的，那件大事的完成需要你心灵的完善和现实的全部努力，每个人要做的就是，搞清楚你一生，这一辈子有什么大事。”这个观点帮我稍稍理清了一些我近期的疑问。如果说有些事是注定需要一辈子去追求的，那么我自然不必急于求成。

怎么确定什么才是一辈子的大事？我在微信上搜索，就发现了李善友教授在课程“理念世界”中刚好对此有所解答。他说“人生大事”或使命有三个特征：一是自己喜欢，二是自己擅长，三是有被需要的“美好作品”。

我一下子就想到了写作。我喜欢写作吗？喜欢，我尤其喜欢“倾泻式写作”，这是一种想到什么就写什么的写作方法。我通过倾泻式写作获得了很多乐趣，其实今天我在出门见黎总前，还在包里放了笔记本电脑，想着万一有时间，我就打开电脑写一点。就像有人手机里有游戏，得空就想玩，我是得空就想写。不过，我擅长写作吗？我有写出“美好作品”吗？答案好像都不是那么确定，因此需要再测试一段时间，也许是一生。

在《纳瓦尔宝典》里，纳瓦尔说：“要想有所专长，就要追求真正的兴趣和热爱，而不是盲目追逐热点。”

我现在确定，写作是我真正的兴趣和热爱，我会用一生守住，就算一时看不到结果也没关系，我有一生的时间去等待这个结果。至于要不要继续做“采之”，这个问题还在我脑子里盘旋。现如今看看能不能写出一个答案。是的，我想说：都是写出来的。不仅答案是写出来的，我的人生也是写出来的。

纳瓦尔说，他的人生所得都是拜阅读所赐。那我可以说，我的人生所得都是拜写作所赐。我当初能够加入新教育研究中心，是因为我写的文章。我能把公众号做起来，是因为我会写。我能够创办大V店，也是因为我会写。我还写过几本书，那就更不用说了。

如此写下来以后，我想明白了一些事情。现在，我不再纠结要不要做“采之”。不管有没有“采之”我都和以前一样，专心写作，这样就很好。说不定黎总和忠哥、姗爷谈过之后，决定不把代码给我。所以这个问题没有必要现在去思考。即使给我代码，我也只会花一点点时间去慢慢打磨。我还会一心一意做我的人生大事，也就是写作。

这样，我把答案写出来了，不是空想出来的。如果能够给我“采之”的代码，那我就当作一个礼物接受。我也不会因为写不出《大肚鸡》而不写作，我可以写别的，写现在这样的文字。

甲之蜜糖，乙之砒霜

---> 2022.9.27

我问哼妈，这几天我是不是情绪不错？她说是的。我说这是因为除了跑步这个爱好，我现在又有了写作。

人到中年，我很高兴自己有了两个不求人的爱好：一是跑步，二是写作。周国平说，人生有两大幸事：一个是做自己喜欢的事，并靠此养活自己；一个是和喜欢的人在一起，并使对方快乐。

我希望能够以写作为生。如果做不到，我也希望一生能够以写作为爱好，不要因为诱惑或压力而不写。例如，受到玩斗地主、刷短视频的诱惑而不写作；或者因为赚钱养家糊口的压力，而没有时间去写作。写作是可以维系一生的爱好，不像跑步。我不是从小喜欢跑步，而是最近这两年才爱上跑步。也许到了老年，我又像小时候一样喜欢乒乓球，也有可能喜欢散步。

但写作，我是从小就喜欢的。大概小学三年级时，我把大白纸裁成笔记本的样子，开始写长篇小说。只是一直以来，我没有经历特别的写作指导，自己也没有刻意练习过写作。

这样导致的后果就是，我常常写不出东西。写不出来自然就容易放弃。写作这个爱好被我几次放弃，又捡起，又放弃。这次重新捡起写作这一兴趣，我特意找到了几位作家的建议作为参考。娜塔莉在《写出我心》这本书里，提了以下“必须切实遵守”的写作练习建议：手应当不停地写；不要删除；别担心拼错字、标点符号和文法；放松控制；别思考，别想着要符合逻辑；直捣要害。

雷·布拉德伯里在《写作的禅机》写道：“将来有的是时间去思考、删减、重写。但今天，就让它爆炸—飞散—瓦解吧！既然接下来的六七次草稿只会折磨自己，何不享受这第一篇……找到一个人物，内心既有渴望也有抗拒，就比如说你吧。给它起跑的信号，放响一枪。然后用你最快的速度跟上去。这个人物心中的爱恨会引领你一路走向故事的结局。他的兴趣与激情存在于爱恨之中，足以点燃路边的风景，让你的打字机热得冒烟。”

斯蒂芬·金在《写作这回事》里也说：“关起门来写一稿给自己，敞开门写二稿给读者。关门写稿时，也就是把脑子里的想法直接下载到纸上的这个阶段，我能写多快就写多快，速度以自己能忍受、不难过为限。”

看来，在严肃的写作完成前，都要经历这种“倾泻式写作”的阶段，不要思考，不要停，要快快地写。特别要注意的是，写作要每天进行。原来我是等有了灵感才写，现在是只要心中有任何想法、任何意念，那就写。否则就看书，一看书就有想法了。如果看书还是没有想法怎么办？

果戈理不止一次地对另一个作家说："写呀，哪怕给自己立一个每天强迫自己坐在写字台前2小时的规矩也行呀。"

"可要写不出来怎么办？"对方回答说。

"没关系。你就拿起笔写道：'今天不知道我为什么写不出来。''今天不知道我为什么写不出来。''今天不知道我为什么写不出来。'这样写腻了就写出来了。"

总之要一直写。诗人韩东说："应该天天写，这是增加敏感性，也是降低敏感性，增加手的敏感而降低判断的敏感。不利于写作者的情况是，手生而不敏感但判断敏感以至于过敏。这里的确存在此消彼长的情况。""写作过程中尽量让你的手去思考，头脑的工作尽量消极。头脑最大的任务是阻止妨碍手思考的因素。一个积极判断的头脑是有碍写作的。"

斯蒂芬·金也说要每天写，这样灵感才会降临："不要等待缪斯从天而降……他是一个固执的家伙，不容易受到创作悸动的蛊惑……你的工作就是要保证让缪斯知道，每天9:00到中午，或者7:00到15:00，你都在。他如果真的看到你这么做，我向你保证，他迟早会现身，叼着雪茄，施展魔法。"

进行这样的写作训练，要有耐心，我是可以做到的。因为

“倾泻式写作”本身就是让我开心的事情。这种写作不是为了成名成家，而是为了愉悦自己。通过倾诉，把脑子里的想法搬到文档上，而不是任这些想法在脑子里横冲直撞。

娜塔莉是写作教练，她鼓励人进行这种写作，可是学员们有很多的理由和借口不写。她说了一段很有意思的话：

“你们现在还在等什么？”结果几个男生抱怨：“老婆刁钻，生活麻烦，想码字儿那叫一个难上加难。”我就看着他们说：“那，你知道怎么去解决麻烦吗？——拿起笔去写就是最好的答案。”他们的脸好像一下子就亮了，连连称赞。

是的，不管遇到什么麻烦，对我们这种人来说就是去写，写出答案。即使写不出问题的答案，也会写出一个好心情，写就是给自己充电、加油，这样我们就有能量和智慧去处理麻烦。

当然，不同的人给自己充电、加油的方式不同。娜塔莉原本以为给自己加油的方式是“静坐禅修”，但实际上是写作。哼妈给自己充电的方式是整理收纳，她说她在整理收纳时真是太快乐了。有时哼妈会整理到凌晨一两点，那时没有孩子们的干扰，她可以安安静静地收拾，“快乐得要起飞”。

哼妈一个闺蜜的老公的兴趣爱好是玩斗地主，十年如一日，没有一天不玩的。他玩斗地主时，不会像我一样因感到浪费生命而愧疚不已，真是甲之蜜糖，乙之砒霜。

不同的人有不同的激情所在。人一旦找到自己的激情所在，就会找到自信。做“采之”是我的激情所在吗？并不是。“采之”是我可以随时放弃的。写作，倾泻式写作，才是我的激情所在，它绝不是可有可无的。这是我最近的发现。有了这个发现后，我就告诉自己要牢牢抓住它，因为我有可能受各种因素的影响、诱惑，而再次放弃写作。

相信人的“自动回应能力”

---→ 2022.9.29

《水知道答案》是日本作家江本胜写的一本书，这本书向世人展示了一项独一无二的观察：水能听，水能看，水知道生命的答案。听到爱与感谢，水结晶呈现完整美丽的六角形；听到斥责与辱骂，水几乎不能形成结晶；听过古典音乐的水结晶风姿各异，听过重金属音乐的水结晶则歪曲散乱……

如果不是江本胜的刻意观察，我还不知道水在听到“爱”“感谢”时会有很好的反应，那么我们人类的身体在听到好内容时，会有良好的反应吗？这一点我没有刻意观察过，不过我想人类的身体一定也是这样的。我在《掌控习惯》这本书中学到了一个概念——自动回应能力。书里说：“我们低估了大脑和身体的自然回应能力。你不会告诉你的头发要生长，你的心脏要泵血，你的肺要呼吸，或者你的胃要消化。然而，你的身体一直在自动处理着这一切以及更多的事情。作为整体的你远远大于有意识的你。”

我们若不刻意观察，就不会看到水在听到爱和感谢时，所呈现出的美丽六角形。同样，我们若不留心观察，也不会注意到自己听到好内容时有什么反应。但是现在我知道了，不管有没有被观察到，我们的身体都在无时无刻地进行着自动反应。水尚且有“自动反应能力”，何况人。

这样，我应该给自己摄入更多好内容，哪怕一时看不到“完整美丽的六角形”。我想起另一种具有自动反应能力的事，就是现在迅猛发展的“生成式人工智能”。为什么原来看起来很蠢笨的人工智能，现在这么智能？给人感觉我们不是在和一个机器人聊天，而是与一个真实的人沟通。很重要的一个原因是：它被“喂养”了很多互联网上的内容，而且是经过选择的海量内容。它像一个大脑，不断阅读优质的内容，不断受到训练，就越来越智能。

我相信，人（包括身体、大脑和心灵）比水、人工智能更加智能，有更强的辨别能力，自动反应能力更强。也就是说，如果我给自己“喂养”更多的好内容，我的身体和心理一定会高兴，一定会越来越有智慧。

心理学作者“L先生”李睿秋说：“如果说我们摄入的食物和营养组成了我们的身体，那么我们摄入的信息、立场和观点，就塑造了我们的思想……摄入更优质的信息，避免垃圾信息的毒害，是让大脑维持健康，更好地看待问题和思考问题的关键。”看来，仅仅不看短视频、不摄取碎片化信息还不够，还需要有意摄取优质信息。怎样摄取优质信息呢？李睿秋建议："多摄入密度较高的信息；多摄入靠近源头的信息；多摄入可靠渠道的信息。"

对于不同的人来说，优质信息的来源不一样。我能想到的，除了看书，还有来自互联网的信息，如来自微信读书、得到、帆书、一席、TED、看理想等App的信息。互联网上有海量信息，是该兼容并包，还是择一而终呢？

我突然想起文化作者华杉讲过的一段话："如果一个人说他打通了儒道释，那就是说他儒道释都没入门，因为他们在门外相通，入了门就走不通了……做学问也得'认祖归宗'，认了这个学，才能知行合一。"

华杉不相信什么"儒道释皆通"，不可能"既是又是还是"。他相信的是儒家，所以他就朝着这一个方向不断钻研，一字一句地解读了很多儒家经典，这种精神实在是让人佩服。

在获取优质信息这件事上，我也应该"认祖归宗"，在一个地方不断地钻研，追求"2厘米的宽度，2千米的深度"。我以前很难在一个地方进深，打个比方，就像挖井，很多时候挖不出水来我就放弃了。现在我相信人的自动反应能力，应该能坚持下去了。

这几天，我只要在路上，不管跑步还是上下班的时候，我都会使用听书App听《圣经》。按照现在的听书速度，两三个月就可以完整听一遍。印象中，我通读过两遍《圣经》，但一次也没有完整听完过。

以前没有坚持听下来，我想，应该和没有获得正反馈有关。也就是说，我觉得这样听并没有什么收益，没有带给我什么改变、提升。其实，不管做什么，都不可能一下子就有效果。改变不会一下子来临，正如席慕蓉在一首诗里说：不是在一瞬间/就能脱胎换骨的/生命/原是一次又一次的试探/所以/请耐心地等待。

这次我希望自己能形成听《圣经》的习惯，我要不断告诉自己，只要在路上就听，用这句话给自己“洗脑”。我现在写出这句话，也是给自己“洗脑”。更具体一点的做法就是：我一跑步就听，我一上下班就听。这样就比较容易形成习惯。

我要有一个信念：不要低估我们的自动反应能力。要相信我所听的内容，正在被大脑、心灵甚至身体吸收，即使此刻我并不觉得有什么收获。正如一个人吃饭，吃的时候不会觉得有什么收获。但在看不见的地方，他的身体正在消化所吃的食物，给他的全身提供能量。

如果说食物经过消化会给身体提供能量。那么，我也可以说，听到的《圣经》，经过大脑的自动消化，也会给我的精神提供能量。只有给自己“喂”大量的好东西，我才能更好地写作。

真假快乐

---->*2022.9.29*

我能感受到自己现在挺生气的。

今天有很多件事让我不开心——哼妈打电话让我去幼儿园接小哼，她带小哈在外面玩赶不回来。我就有点不高兴，因为我去接的话，小哼一般都会哭闹。好不容易想了一个主意，带小哼去逛超市买东西，她才没闹。糟糕的是，从超市买的那么多糖被小哼偷偷吃完了，让人生气；小哼睡觉时找不到睡衣，让人生气；小哈把洗脚水打翻在客厅里，让人生气；我买了高铁票准备国庆节找大学同学玩，因为一些特殊原因不能成行，不得不退票，让人生气。

一连串的事情就这么发生了。我无法接受这些事情的发生吗？也不是。我懊恼的是自己情绪不高，影响一家人的心情。我真的不应该那么责备小哈，太伤人了。他打翻水盆后，我恶狠狠地对他说："你是不是瞎呀？！"我不应该这么说……

不能再胡思乱想了，不如去写作。写作就没时间瞎想，我要写出一个好情绪。写着写着，我发现它们也没有那么让我无法接受，而且现在也没有继续发生让我不开心的事情。既然如此，我应该开心起来，让家人也开心起来。不开心的事已经发生了，就让它们过去，若是继续不开心那多不划算。

写作真的有帮助。

写完上面的话，我去向小哈道歉。我说，小哈，对不起，爸爸不该对你那样说话。然后我给他切哈密瓜、剥柚子吃。向小哈道完歉我能感觉到，孩子们舒展了，哼妈的情绪也好了，一家人都开心起来了。就在刚刚，她们3个人关上卧室门，上床开始卧谈，然后睡觉。

我在客厅写作，并没有感觉被拒之门外。哼妈关门只是因为孩子们要睡觉，或者，哼妈很有可能是为了给我一个安静的环境，她怕孩子们太过闹腾。

所以，你看看，这么多好事。我还有什么可不高兴的？要高兴起来，过去的就让它过去，不要懊悔，珍惜现在。是的，现在的我有时间写作，也有心情写作。这就非常好。

我这是在给自己“洗脑”吗？“洗脑”就“洗脑”，也没什么不好。任何事情的发生，我都可以从积极的角度来解读，“凡事都于我有益”。这一系列事情的发生，也许就是为了让我拥有此刻的安静与松弛。

我不仅要在情绪不好时写作，也要在无聊的时候写作。对我来说，写作是比玩斗地主更好、更健康的爱好。罗翔老师说，看小黄书、听郭德纲相声、读莎士比亚，这三者都有可能带给人快乐，但快乐有高级和低级之分。

要我说，快乐有两种，一种是真快乐，一种是假快乐。后者看起来快乐，实际上并不快乐，还自以为快乐。对我来说，写作是比玩斗地主更真实的快乐。也可以说，玩斗地主带给我虚假的快乐，而写作带给我真正的快乐。

暑假期间，哼妈带小哈、小哼离开北京，在外游玩一个月。在这段时间里，我独自在家，常常玩斗地主。哼妈没看到我玩，也就没有责备我，没有因此不高兴。在这种情况下，我玩斗地主的体验如何？其实也不好。玩的时候有快感，也有愧疚，但停不下来，这就是上瘾。

可能有些人觉得玩斗地主不算多大事，觉得我在小题大做。每个人的观念不一样，我很怕自己一沾上就上瘾。上瘾就让我受不了。

我想摆脱这种状态。替代法或许是有效的，我要用真正的快乐替代虚假的快乐。以后再遇到愤怒、无聊的时刻，我要做什么？写作！我希望在生气、孤独、寂寞、空虚时，形成的第一反应是写作，而不是抽烟、玩斗地主……我要的是真快乐而不是假快乐。

如果我没有通过写作来帮自己释放坏情绪，我可能就会瞎想。瞎想对我来说，有时候也是一个恶习。阅读时不会瞎想，但阅读需要心境，写作就不一样了，我可以随时随地写作，像玩游戏一样。

如果写作成为我的习惯，那么即便我不会因写作而赚钱，不会因写作成为名家，那又有什么关系呢？

在《写出我心》一书中，娜塔莉写了一篇《迷恋》：

埋首创作总好过喝一缸子酒或塞下一大堆巧克力吧。

假如你的心蠢蠢欲动，与其开始喝酒，变成酒鬼，或者吃掉一磅可口的奶油软糖，变成大胖子，还是继续创作比较好……迷恋写作是好事，不过得动手写才行，不要扭曲了这股欲望而沦落酒乡。迷恋巧克力则不是好事，这一点我明白，它有害健康。

她说的没错，迷恋写作是件好事。

数量终将成就质量

----> 2022.9.30

昨天有人问我《香草山传奇》是怎么写出来的。我就把《香草山传奇》的后记发给她，里面写道：

我真切感受到：在这个世界上真有“灵感”这种东西，我的“灵感”满溢，整个故事倾泻而出，我不分昼夜地写，一周内，八万多字的初稿就完成了……这是我从未有过的“高峰体验”。

这是我几年前的回答。现在，我愿意重新回答一遍。

我还是觉得《香草山传奇》只是经由我手而已。这么好的故事就这样降临到我脑中，从我的手里倾泻而出，我都不好意思说是我创作的，不敢占为己有（当然，其中有不好的部分，完全是我的问题）。正如宫崎骏说：“电影经由我自行创作。”

此后一两年，我非常想再有“高峰体验”，期待灵感再次降临。可我越等越焦急，我无数次祈祷，每一次都是失望，为此我放弃了写作。

在痛苦无比的情况下，我又开始写作，看了一些写作指导书，慢慢认识并认同：灵感不是空等来的。

斯蒂芬·金在《写作这回事》中说："你的工作就是要保证让缪斯知道，每天9:00到中午，或者7:00到15:00，你都在。他如果真的看到你这么做，我向你保证，他迟早会现身，咬着雪茄，施展魔法。"

也就是说，要一直写，天天写，甚至是每天固定时间段写。只有这样，灵感才会现身，而且一定就现身。不能等到有灵感了才写作，而是要一直写才会有灵感。

我之前说我在一周之内写完8万字的《香草山传奇》初稿。现在看来，更准确的说法是我用十几二十年的时间，写了800万字甚至更多文字，从这么多文字里，我挑出了8万字，并把它们命名为《香草山传奇》。对于创作者来说最重要的是耐心写下足够多的文字，在这个过程中灵感一定会闪现，所以我现在要做的就是更有耐心一点，耐心地等待灵感的再次降临。我希望自己能够天天写。

我不再空等灵感。每天都快快地写，拼手速，为了灵感来时能快速地记录，也为了尽可能快地积累数量。我期待我每写100万字，灵感会现身一次。如果写100万字不行，那就写200万字、300万字……如果这一辈子，灵感都不再光顾，那我也不要失望，没有谁欠我一个灵感。

那写这么多字岂不是浪费时间？不会的。写作是我的爱好，写作本身就足够让我快乐。除此以外，都是额外的赏赐。

怎么让自己写更多文字？给自己设置一个目标吗？每个月至少写10万字，全年至少写120万字？其实，我希望每天写6000字，全年200万字，这才是目标，每天6000字，多吗？其实不算多，这都是必要的练习。

雷·布拉德伯里在《写作的禅机》中写道：

我相信数量终将成就质量。为什么会这样？米开朗基罗、达·芬奇、丁托列托都画过大量的草图，这些大量的习作帮助他们画出优秀的素描，进一步创作成单独的作品，最后是无比精准而又美丽的画幅。一位伟大的外科医生解剖过成千上万个身体、组织、器官。长此以往才练就出高超的技艺——用手术刀面对生灵。一名运动员或许要跑1万英里（约16093千米）才能准备好参加100码（约91米）的比赛。

数量积累成经验，而只有凭借经验才能保证品质。所有的艺术，无论什么形式，都要减去多余的动作才能得到精准的呈现。艺术家必须学会删减。外科医生懂得如何直接找到病原，如何避免浪费时间和并发症。运动员懂得如何保存体力和精确地运用肌肉。作家有什么不同吗？我想没有。最伟大的艺术往往是作家未说出口的、删减掉的东西。前提是他能清楚地表达情绪，指出文字的方向。

艺术家必须努力工作，耗费非常长的时间，才能让大脑中的全部想法在指尖存活生长。对于外科医生来说，他的双手终于能够像达·芬奇的手一样，勾勒出拯救生命的设计图。对于运动员来说，他终于锻炼好了身体，让身体具备自我意识。通过工作，通过量化的经验，人们才能让自己从手头承担的义务中解放，忘记手中的工作。

在写作领域也有量变到质变的规律吗？我想是的。有一段时间，我大量地写，写下了几百万的文字，《香草山传奇》就诞生于这些文字中。这次我给自己定下了每天写6000字的目标，那么全年就是200万字，如果其中有1/10可以用，那就是20万字，足够出一本书了。即使到最后没能出书，我也可以把过程当作一个令我快乐的经历。就这么决定了，一天就写6000字。这样安排下来，我的一天还挺饱和的，5:30起床写作，送孩子们上学，跑步后再写，有时间就写，写满6000字。我就这么写出一个目标，比我单纯用脑袋在那里空空地思考要好。

PART 2

10月：确认

重拾你的热爱

---->2022.10.1

没想到，国庆假期的第一天，我竟然把《大肚鸡》这个童话故事写出来了，2000多字，自己还觉得挺好。

这是受了《蔡骏24堂写作课》的启发，他说“想法就是灵感”。我之前有写《大肚鸡》的想法，但没有信心写，总想着等灵感来了再写。既然“想法就是灵感”，那我就直接写，还真就写出来了。

创业时的想法也是灵感，只是我们一般不这么说，而是说创意、创新。其实不管是点子、创意、想法、灵感、梦境、潜意识、直觉……还是别的什么称呼，现在都可以把它们通通记录下来，“倾泻”下来。不要说“这个我写不了，那个我不会写”。只要有想法，就有灵感。你可以用倾泻式写作把任何想到的东西统统写下来，不用讲究好坏。

倾泻式写作并不需要信心。我每天写6000字需要信心吗？不需要。我只是把脑子里想到的写下来。我脑子里天然有大肚鸡的故事吗？也不是。我有一句就写一句。如果还想继续写，那就再写一句。斯蒂芬·金说，他写了那么多书，都是一个字一个字写下来的。

安妮·拉莫特在《关于写作：一只鸟接着一只鸟》一书里也写道：

道科特诺曾说："写小说就像夜间开车，你的视线只达车头灯照得到的范围，但你还是能这样走完整段路。"你无须看见自己将去何方，也不用看见目的地或途径的一切。你只要能看清前方两三英尺的范围即可。这是我目前为止所听过关于写作或人生最好的建议。

话是这么说，但我在创作《大肚鸡》的过程中还是经历了很多挫败和挣扎。有时候，我等待很久，大脑里却没有任何想法、没有灵感，我想这也是很多作者都会面临的困境。

怎样养育写作的灵感？这是《写作的禅机》一书特别分析的一个问题。作者雷·布拉德伯里用身体需要饮食的类比告诉我们，灵魂也要吃各种"食物"才会产出灵感。吃什么？雷·布拉德伯里说，"吃"诗歌、散文、小说，"吃"一切热爱的东西，不管是好是坏（最好是好的），但要追随所爱。他还说：

这一切究竟是如何起作用的？如果我用等量的垃圾和宝藏去喂养缪斯，那么在接下来的岁月中，我如何写出那些让人们可以接受的故事呢？我相信这一切连接起来的是一个关键点。我所做的每一件事都是出于我的热爱，因为我想要这么做，因为我喜欢……不变的是：去寻找，去发现，去欣赏，去热爱……我们花了大把的时间去讨论养育缪斯，对我来说她是追逐爱的脚步。

好好生活，观察你的生活，养成良好的阅读习惯，探索你所阅读的内容，用来养育你最原始的缪斯。时时刻刻练习你的写作，反复训练、模仿，便能够打造出一个留住缪斯的纯净光明的空间。

我最早是等待灵感降临。后来，我以为只要一直写，灵感就会降临。现在我的认识又不一样了。除了要一直写，还要一直读。这么说起来，灵感并没有那么神秘，它是可以培养的。吃饭可以培养出健康的身体，阅读（包括阅读生活）可以培养出灵感。

看来，我之所以写不出童话故事，或许是因为自己并没有阅读童话故事？就像韩东在《五万言》里说，一个人如果要写小说，就应该多读小说，生活在小说的世界里，成为小说世界的一员。这话说得很有道理，俗语说“吃什么，长什么”，换成诗人惠特曼的话来说，就是“看见什么，就成为什么”。

养育灵感的过程，用《写出我心》里的说法就是“堆肥”。娜塔莉说：

我们的感官本身缺乏动力，它们接收经验，可是接下来需要借由我们的意识和整个身体做一段时间的大幅筛选，才能把这些经验筛选出来。我称之为“堆肥”。

我们的身体是垃圾堆：我们收集经验，而丢掷到心灵垃圾场的蛋壳、菠菜、咖啡渣和陈年牛排骨头，腐烂分解以后，制造出氮气、热能和非常肥沃的土壤，我们的诗和故事便从这片沃土里开花结果。不过，这并非一蹴而就的，而需假以时日……了解这个过程，可培养人的耐性，并减少焦虑。

我的理解是，我们在阅读和观察生活后，并不会立刻能够写出好东西，而是需要一个反应过程。正如一个人吃下食物，食物并不会马上成为身体的一部分，而要经过消化。这个消化的过程，就是“堆肥”。“堆肥”没有立杆见影的效果，我们要给它时间，它会给我们丰厚的回报。就像海明威离开了巴黎也可以写出巴黎一样，一切都需要时间。

现在，我为了灵感的到来而努力，“吃”一切我热爱的东西，并且持之以恒。追随自己的热爱，不仅能培养灵感，也能培养自驱力、意志力。

我对克尔凯郭尔的一句话印象深刻，他说：“我要找到一个对我而言的真理，一个我能够为之生为之死的观念。”这句话我一直记得，这么多年来我一直想找到让我能够为之生为之死的观念，我想，等我找到它，就找到了自己的热爱。

昨天听到顾衡说一个人找到自己擅长之事的幸福，不亚于找到自己心爱的女人。复旦大学的梁永安教授也说过，一个人在这个世界上一辈子最重要的无非就是两件事，一件事是找到一件在这个世界上自己最喜欢的事情，而这个事情正好又有社会价值、时代意义；另一件事就是找到一个人，这个人在精神情感上与自己特别契合，能够一起往前走。

人，我已经找到了，那就是哼妈；事，我找了十多年，也痛苦焦虑了十多年。到现在我开始觉得，我要找的人生大事应该就是写作。此时，我当真有“众里寻他千百度，蓦然回首，那人却在灯火阑珊处”之感。因为我从小就喜欢写作，现在不过是把我的热爱重新捡起来而已。

不给爱好施压

---->2022.10.2

昨晚在睡前，我又读了《蔡骏24堂写作课》，他一再说写作是一件让他感到快乐的事情。对我来说，如果用倾泻式写作，写作速度快，写作也是一件十分快乐的事情；如果不是用倾泻式写作，而是要字斟句酌地写，我就会感觉很痛苦。

我这么说也许是因为自己续写不了《大肚鸡》。虽说写不了就写不了，我总还能写别的，但我现在总想着把《大肚鸡》扩展成一个长篇故事，不仅如此，同时还想写《大肚鸡》的创作笔记。如果说《大肚鸡》是给孩子们的书，那《大肚鸡》的创作笔记就是给成年人看的书。它是我的创作过程和创作经验的分享，就像我以前分享的经营婚姻的经验。

有时我又会动摇，觉得自己没有资格分享写作经验。要知道，我还在学习写作呢。如果有一天，我像斯蒂芬·金、村上春树、蔡骏那样著作等身，我会十分自信地来分享写作经验吧？

我时常为自己的“妄想”而感到压力倍增。于是决定做自己力所能及的事情：写完今天的6000字。

我想通过写作提醒自己，我想续写《大肚鸡》及其创作笔记只是欲望。不要因为这样的欲望，而对写作失望。写作给我的，已经够多的了。

哼妈看我情绪不高，就劝慰我说：“你跑步只是为了健康，写作就只是为了开心。跑步不是为了赚钱，写作也不是为了赚钱。别到时候，不仅没有赚钱，还让自己不开心。”

是的，我写作不是为了赚钱，只是为了开心，写作是我倾诉的方式，我希望余生都能写作。但想通过写作赚钱的念头终归还是存在的，时不时冒出来一下。要想安心从事“不为赚钱”的写作事业，我该怎么调整心态呢？纳瓦尔说有三种“退休”方式：一种是赚足够多的钱；一种是把欲望降到足够低，如出家修行；还有第三种——

是做自己热爱的事情，完全乐在其中，有钱没钱无所谓……避开竞争陷阱的方法就是做独一无二的自己，找到自己能做到独步天下的事情。做到最好，只因热爱。如果你真的热爱一个事物，那就追随本心，努力找到利用它满足社会真实需求的切入点，利用杠杆效应扩大规模，以个人名义担起责任。这样，在奉献的同时，你也将获得相应的回报，拥有自己所提供产品或服务的所有权或股权，然后持续精进。

我可以做到“有钱没钱无所谓”吗？我扪心自问，发现我目前做不到。我可以做到的是，依靠写作“有钱没钱无所谓”。我想我是幸运的，可以去做自己热爱的事，并且可以不依靠它维持生计。

这让我想起几年前《三联生活周刊》的一篇报道——《一个阿根廷清洁工的“苟且”和远方》。主人公安立奎·费拉里（Enrique Ferrari）是阿根廷人，他四十多岁，是犯罪小说家，也是一个地铁清洁工（之前还做过面点师、司机和街头小贩）。

他写了好几本小说，有长篇也有短篇，其中最有名的是谋杀悬疑小说《从远处看他们就像苍蝇》。这部小说在2012年西班牙著名的希洪犯罪小说节获奖，并在法国、墨西哥、意大利被翻译出版。但是他说他养育3个孩子靠的是夜间清洁工作。若想靠写作谋生，钱是远远不够的。

写这篇报道的记者很感慨，说：“费拉里让我感到敬意甚至羡慕。我相信他从写犯罪小说中得到了很多快乐，他也似乎并未因自己比别的地铁清洁工更会写作而沾沾自喜。”做自己喜欢、热爱的事情，并以此养家糊口，自是值得欢喜的，但若不能，我也会和费拉里一样，继续写作，因为我从写作中得到了很多快乐。

另外，我相信我的写作是有价值的。这个价值不是我事先构想出来的，而是写就出来的，写着写着就灵感涌现。例如，我写着写着就出现了所谓的“倾诉式写作”，写着写着就写出了《香草山传奇》。

不管怎么说，在创作初稿时一定要写到让自己开心，一定要想到什么就写什么。我有时过于看重主题了，总想着往主题上靠。没有必要，在修改时，再把与主题不相关的删掉即可。我坚信，只要我天天写，灵感一定会涌现。当灵感涌现时，好的文字就会流淌出来。

倘若最终我没有写出对他人有价值的文字，那也没关系，写作是我的爱好，这个爱好让我开心，这是它之于我的价值，便足够了。

不如写作

----> 2022.10.3

» 一

陈慧琳在《不如跳舞》中唱道："不如跳舞，聊天不如跳舞，让自己觉得舒服，是每个人的天赋。继续跳舞，谈恋爱不如跳舞，用这个方式相处，没有人觉得孤独，也没有包袱。"

对我来说，是"不如写作"：不管跳舞、聊天还是谈恋爱，都不如写作。写作会让我觉得舒服，写作是我与自己、与这个世界的相处之道，是我度过时间的方式。在写作时，我不会觉得孤独，也没有包袱，我不会觉得写作是负担，不会觉得写作浪费时间、浪费生命。况且，在我的倾泻式写作中，最重要的就是速度。

对我来说，写作是为了让自己觉得舒服；不给自己压力，仅把写作当成爱好，也是为了让自己觉得舒服。正因为这样想，我昨晚才睡得不错。当我真正把写作当爱好时，整个人就放松下来了。至于什么时候，我的爱好会变成我的事业，我不知道。至少目前看来，写作还不是我的事业，不是我的使命。

如果因为想把写作当事业而让自己睡不着，让自己不开心，那就得不偿失了。爱默生说："一个人对世界最大的贡献，就是让自己快乐起来。"这句话和博尔赫斯的诗有异曲同工之处："我犯下了人类所能犯的/最深重的罪孽/我从不感到幸福。"

» 二

今天午睡时，我的睡眠质量很高。这么看来，当我心里没有写作的压力时，就能睡好。我所谓的写作压力，是想写故事，想写书，想通过写作赚钱。一天写6000字，这对我来说不是压力，反而是动力。

每天必须完成6000字吗？是的。这就像我小时候喜欢打乒乓球一样，只要我有体力，我就愿意一直打。我喜欢写作，只要给我时间我就可以一直写，不管这6000字是好是坏，写完我会很有成就感。我还有这样一个期冀：说不定只要我写得足够多，我就能成为一个作家。

如果不设立"每天写6000字"的目标，那么我会写着写着，去做别的事情，关注别的事物，停止写作。我有过这样的经验。虽然我知道，一旦离开写作，我就很有可能像鱼儿离开水一样，会窒息，会压抑，但不设立目标，我时常会坚持不下去。

我的另一个爱好——跑步，我也定了目标，除周日外每天跑

7千米，我还定下了每个月的目标，即每个月跑160千米。我喜欢跑步，我同样要用目标来约束自己。“自律使我自由。”

» 三

现在是傍晚，小哼在看动画片，哼妈和岳母在泡脚，小哈还在小区里踢足球，我在写作。相较于阅读，在此时此刻，我更愿意写作。对我来说，阅读需要心境，心境不是说有就有的，写作可以随时随地进行。

前两天哼妈对小哈说，你爸爸最不喜欢做不光明的事情。哪怕做的事情是错的，也要行走在光明中，这是哼妈对小哈的要求与期望。只是以我为榜样实在让我惭愧。

在闲暇时，如果我以玩游戏、刷短视频、抽烟等消磨时光，我就怕小哈、小哼看见，所以有时会悄悄地进行。要知道，孩子多是会模仿父母的行为的。在我写作时，我不会担心他们喜欢写作，喜欢写作是件非常好的事情，所以，我决定还是用写作来消磨闲暇时光，做一个“光明磊落”的爸爸。

» 四

据说中国历史上有两个半圣人，两个圣人分别是孔子和王阳明，半个圣人是曾国藩。

我最近在翻看张宏杰的《曾国藩的正面与侧面》一书。

曾国藩在30岁那年，立志要学做圣人。他的方法是写“日课”，也就是日记。这个方法是一个名为唐鉴的人告诉他的。曾国藩的日记，在开始的那段时间也会中断，也会记成流水账。经过他人指点，曾国藩知道要“研几”，即研究细节，要反思自己一天的一言一行。

这一点是可以学习的。我现在每天写下的6000字也可以算是日记。不过，我写东西和曾国藩写日记，目标应该是不同的。对他来说，写日记可以使他不断反省，以便进步，进步到圣人的境界。我写东西，是为了开心，为了打发时间。

我和曾国藩的性格完全不同，他外向，喜欢结交朋友；我内敛，不太喜欢社交。可是，不管一个人性格如何，他都可能有内在冲突。我和曾国藩都是内在冲突很严重的人。

曾国藩说他自己性格容易暴怒，我也是如此。他还说他浮躁坐不住、傲慢自大、修养不佳、虚伪、言不由衷，我对自己的评价恰恰也会用到这些词语。曾国藩觉得自己缺点很多，都要改掉。他首先改掉的是他抽烟的恶习，这让他对学做圣人充满了信心，也让他一生引以为傲。我也有相似的经历。只不过他努力戒烟几次就成功了，而我是在尝试了无数次后，才戒烟成功。

曾国藩最为推崇的价值观是“有恒”：“凡人做一事，便须全副精神注在此一事，首尾不懈。不可见异思迁，做这样，想那样，坐这山，望那山。人而无恒，终身一无所成。”他说：“有恒为作圣之基。”意思就是说，有恒是学做圣人的基础。

梁启超盛赞曾国藩的“有恒”：“曾文正在军中，每日必读书数页，填日记数条，习字一篇，围棋一局……终身以为常。自流俗之人观之，岂不区区小节，无关大体乎？而不知制之有节，行之有恒，实为人生第一大事，善觇人者，每于此觇道力焉。”史学家张宏杰也评价说：“曾国藩终生对‘恒’最为用力。”

在我看来，曾国藩之所以成功，主要在于他有恒，他能做到坚持写反思日记。那么，我有可能每天坚持写6000字吗？这是我须全副精神要去做的一件事吗？我不是说每天写日记或写6000字有多么了不起，而是认同梁启超说的，节制、有恒是人生第一大事。

热爱的样子

----> 2022.10.4

趁着国庆假期，今天我们一家人难得一起出去吃早餐。打开门，小哈看到门口放着一个包裹，我拆开一看，是我在当当上买的《人生舞台——阿西莫夫自传》。我随即对哼妈说，我就不出去吃了。因为我想读这本书。

之所以买这本书，是我之前在“得到”上看到何凡老师的一篇文章《斯蒂芬·金的七个写作经验》。他在文章里说：“著名科幻作家阿西莫夫一生著作等身，有人问他，怎样才能成为一个多产作家呢？阿西莫夫说，很简单，第一，你必须热爱写作，第二，你必须只有这一个爱好。这就是写作的诀窍。”

我虽然买过阿西莫夫的《银河基地》，但是没读完，对他也没什么印象。通过深入了解我才发现，他是世界上最高产的作家，没有之一。他一生写了五百来本书。何凡老师说他“著作等身”，是一种夸张的说法，夸小了。阿西莫夫不仅高产，还高质。他的作品，不仅质量高，题材还很广泛，涉及自然科学、社会科学和文学艺术诸多领域。他最为人所熟知的身份是科幻作家，他写过很多本科幻小说。

显而易见的是，他能写这么多书，肯定是出于热爱。当然，他的写作速度也很快。如果写得不够快，不可能写这么多。我想知道他如何能写得这么快、这么好，这是我想读他的自传的原因之一。阿西莫夫取得了化学博士学位，多年来任教于波士顿大学医学院。他在38岁“高龄”时选择成为一名作家，我今年也38岁了，我有望成为一名全职作家吗？这是我想读他的自传的原因之二——我希望从中能找到答案。

我一个人安安静静地在家里读这本书，总体感受是：阿西莫夫是真的喜欢写作，真的热爱写作。我从他身上看到了热爱的样子。

在第二次世界大战期间，年轻的阿西莫夫每天花好几个小时搜寻关于战争的好消息。为此，他觉得自己很难集中精力学习。

但是令阿西莫夫惊讶的是：“我当时居然在继续写作。我只能根据我后来的生活经验加以解释——当我感到压抑和不高兴的时候，写作是我唯一的安慰剂。只有写作才能抚慰我的焦虑。”

后来，他有了女儿——罗宾，有一次罗宾摔伤了脚踝，他以为罗宾会因此而终生跛脚，他说自己当时绝望透顶，他唯一的逃避方式就是坐下来写作。他一篇接着一篇写，一共写了3篇很长的文章。甚至因为希望能够有充足的时间写作，他更喜欢不太好的天气，这样罗宾就不会拉着他出去玩。

在离婚的那段时间，他焦头烂额。但在他当时写的书中，看不到一点负面、绝望的情绪。他说，在写作的时候，他并不会感到绝望。写作就是他最好的止痛药。

在一次电视采访中，主持人问他，如果只有最后6个月可以活，他会干什么？他说，他会加快打字速度。父母去世后他做了一个梦。在梦中，有一个天使说他现在在天堂。阿西莫夫就问："这儿有没有打字机，我可以用吗？"他感觉"天堂就是写作"。

我很欣慰地看到，阿西莫夫说他最喜欢写的内容就是自己。我想起有人曾经问我，怎么感觉你总是在写自己？怎么只关注自己？现在我找到了"知己"，阿西莫夫说他最喜欢的就是写他自己。他说："迄今，我从写作获得乐趣最多的是在我写自传的时候。归根结底，还有什么题材比我自己更有趣呢？"

不仅如此，他的另一个写作特点也让我对自己更加有信心，那就是他用平实的、口语化的风格写作。他对此颇为自得，有人说他的文字类似"透明玻璃"，与之相对，还有一种文字类似"彩色玻璃"。

透明玻璃朴实无华，甚至有可能被人忽略，但透过它可以看见很多东西；彩色玻璃华美闪耀，其"吸睛"在于本身，而非透过它所能看到的背后的东西。

我的文笔欠佳，尤其当别人拿哼妈的文章和我的做比较时，此感尤甚。其实，不同人在写作上有不同的追求，我追求的是文气通畅，一气呵成；我追求的是写得快，写得尽兴；我还追求别人通过我的文字看见有价值的内容。我希望我的文字是“透明玻璃”。

很多人（包括哼妈）说我的文字是流水账。在我看来，流水账就流水账吧。“很多父母爱抱怨：‘老师，我孩子爱写流水账。’那我们可以告诉这些家长：‘你的孩子今天如若能写流水账，未来很可能就是曹雪芹。’”这话是何捷老师说的，他是“游戏作文”的创始人，被孩子们称为“有魔力的作文老师”。他给自己定的目标是每天写1000字。

我肯定成不了曹雪芹，但我相信，我写的流水账日记也不错，如果能成为一位写日记的作家也很棒。

我听到过一句话，大意是说，世界上一定会有一张专门为你准备的试卷，只有你才能得100分，你轻易就可以得100分。我想，专门为我准备的试卷或许就是写作——写现在这样的文字（姑且把这样的文字称为日记）这张试卷，我应该是能够得100分的。

阿西莫夫克服写作障碍症的方法对我也很有启发：如果正在写的文字无法继续，就写另外的内容，写着写着，思路或许就打开了，可以继续写之前的内容。这很像所谓的“换脑”，起到劳逸结合的作用。

我是怎么克服写作障碍症的呢？如果我一次只写一本书的话，我想我也没法克服。我经常遇到这种情况，当我写一本科幻小说的时候（我写的东西中最难写的），我发现心里对它厌烦了，无法再写一个词。但是，我不会让自己被它逼疯，我不会盯着空白的稿纸。

如果我的头脑里一片空白的话，我绝不会日日夜夜、绞尽脑汁地冥思苦想。相反，我会把那小说搁在一边，去写手边其他十几种东西中的任意一种。我会写一篇评论、一个小品或一个短篇故事……等到我腻味了这些东西的时候，我的头脑又可以灵活地转动起来，内心又很充实，我就能够正常工作了。我重新回到我的小说上来，发现自己又可以轻松地写下去了。

热爱会让我们琢磨出很多方法。

舒适区边缘

---->2022.10.5

有时候我会想，我是不是可以把每天写的6000字稍做修改，发表在微信公众号上？我可以只改改错别字，做一些删减，不费心费力；或者，我可以直接从6000字中摘取一部分。

在我看来，文字发布出去别人才能看到。如果写了文字就放在电脑里，那么是不可能对别人有价值的。

至于把文章编辑成册去出版，目前我觉得这是件可望而不可即的事情。但是我知道，我无法预料以后的日子，我的生活是真实的，我的一生不是一个剧本，与写故事的人可以预料故事的发展、人物的命运不同。

我能肯定的是，如果我每天坚持发布文章，那么即使文章内容不够有价值，“坚持”这件事本身也是有价值的。罗振宇每天坚持发布60秒语音近10年。梁启超说，“有恒”是人生第一大事。那么，我能否立志坚持每日更新公众号呢？我想我还需要一些努力。

我想起纳瓦尔关于如何让自己变得幸福的建议，其中一条是告诉别人自己很幸福。他年轻时在一个公司上班，隔三差五就告诉别人将来自己会创业。后来，人们就问他，你怎么还在上班，怎么还没有去创业？被问得多了，他都不好意思不行动。于是有一天，他就去创业了。

这其实就是在给自己想要做的事情增加了一个外在监督，从而强化自己想要去做的意愿。

曾国藩会把自己的日记给别人看，请别人点评，同时会给自己的族人看，供他们学习。

我以前也常常在别人面前说自己要戒烟。虽然无数次被“打脸”，但最终我戒烟成功了。或许正是因为怕一再地被“打脸”，我才更有动力戒烟。要自律，也要他律。他律是为了更好地自律。

但目前，我还没有下定决心告诉别人我要每日更新公众号。

这是因为我通过分析觉得自己没做好准备，即便有外在监督的强化作用也没办法去实现。没有信心做到的事情，就暂时不要做。

我其实有时候也会担心自己这种类似“自娱自乐”的写作会没有价值，帮助不了别人。但转念一想，写作已经让我快乐了，“渡人先渡己”，我的写作已初具价值。我总是在不经意间给自己的爱好施压，但幸运的是，我能很快觉察并进行自我调整。

我突然想起《认知觉醒》一书的作者周岭说过：“当读者问我‘写作到底要日更还是周更’的时候，我一定会建议他抛弃日更，改为周更，甚至半月更，建议他们花时间和精力把文章打磨到当前能力范围内的最好水平。当然，注重质量并不意味着我们平时就不写了，我们仍然可以每天保持‘写字’的习惯。”

周岭所谓的“写字”与写作不同，他每天写反思，是给自己看的。他的公众号文章、书籍是给别人看的，才是“写作”。他说：“如果让我推荐一个不可或缺的习惯，我必推每日反思（写字）。”按照他的说法，我每天写的6000字就相当于“写字”，也就是写给自己看的每日反思。只是，我不仅抛弃了“日更”“周更”“半月更”，而是干脆就不公开发表了。

“真正的学习成长不是‘努力努力再努力’，而是‘反馈反馈再反馈’，只有不断产出，获得反馈，我们的人生才会发生真正的变化。”如果他说的这些是真的，那么我现在每天写6000字就是“努力努力再努力”，只待时机以获得反馈。

对我来说，能坚持每天写6000字已经不容易了。在每天写6000字都还没有形成习惯的前提下，就贸然给自己施压，给自己提高难度，恐怕会得不偿失。

周岭还说：“无论个体还是群体，其能力都以‘舒适区—拉伸区—困难区’的形式分布，要想让自己高效成长，必须让自己始终处于舒适区的边缘，贸然跨到困难区会让自己受挫，而始终停留在舒适区会让自己停滞。”

由此可知，一方面，我不能急于求成，一下子就要求自己日更公众号，或者像前几天那样想写书、出书，这样就会让自己处于困难区，以致望而生畏，很可能干脆就没有任何行动了；另一方面，我也不能躺在舒适区里，舒适区会让我没有任何成长。

对现在的我来说，“每天写6000字”就是介于我的舒适区和拉伸区之间的一件事。每天写6000字，是目前的我要努力跳一跳才能摘到的果子，既有挑战，也有成就感。当每天写6000字成为我的“舒适区”，成为我不可或缺的习惯后，我就可以考虑一些到那时需要我“跳一跳”的事情了。

在低谷中潜伏

----> 2022.10.6

昨天看到一个短视频，主角是一个叫詹青云的女孩，她说：“当我是差生的时候，我被各种规则束缚。当我成为年级第一后，教我怎样生活的人少了一半。当我去香港读书，后来又考上哈佛时，我就自由了很多。世俗的成功给人自由，给人不被其他人说教、影响的自由。”

是的，当你不想被别人指指点点、不想被别人左右时，办法就是，让自己变优秀，只在一个领域或只有一个方面优秀，就够了。

演员黄渤也说过类似的话，他说出名以后身边全是好人。这是该悲哀还是该高兴呢？俗话说：“穷在闹市无人问，富在深山有远亲。”我想，也许这就是人性。对于这样的人性，我们顺应就好，不必去挑战。要知道，其他的人不像我们的父母，不可能对我们有无条件的爱。

如果阿西莫夫不是一位成功的作家，他的日子应该会很难过。因为他不善社交，他和同事尤其是上司总是搞不好关系，他一直都是一个不怎么讨人喜欢的存在。然而，他成功了，他在写作上成功了。于是，知道他的人多了，他有了很多朋友，被很多人夸赞，收到很多读者写的信……

只是，在成功之前，也许会有很长一段时间会在低谷里潜行。

就像如今的我，我想。

有一个记者问作家笛安："一个人如果想成为一个作家，你有什么建议？"笛安的回答大意是："最重要的是，要先把一个作品完成。"她的理由是，在写作过程中，你一定会有一刻觉得自己写的东西是狗屎。

然而，"这是非常重要的时刻……在这些看不下去、写不去的时刻，去完成一个作品，我们才能去讨论。我们才能知道，在面对问题时，你以什么习惯去解决问题"。

现在我正在经历这个"非常重要的时刻"。我时常怀疑自己写出的东西对别人没有价值，只能够写自己的"碎碎念"，像《香草山传奇》这样在灵感迸发下写出来的作品，我没有办法复刻。若是以前，我就会放弃，不写了，或者我会尝试去写别的东西。如果也写不出来别的东西，我就去做别的事情。总之结果就是我不再写作。

如今，当我觉得写作遇到瓶颈的时候，我都会给自己鼓劲儿。我希望自己不会放弃。

古典老师在《跃迁》中讲了3个故事：伟大的棒球选手泰德·威廉斯，他只选择在自己觉得舒服的地区击球；股神巴菲特，一生出手次数不多；亚马孙雨林的巨蟒森蚺，潜伏十天半个月看到大动物才出击一次。

现阶段对我来说可能就是潜伏期，是我的低谷，是没有生产力、没有作品成果的阶段。我要做的就是像巨蟒一样，静静地等待下一次我能抓住的机会到来即可。写到这里，我感觉心里没那么苦了。是的，这是我的潜伏期。

人生那么长，总是有起有落。“天下万物都有定期，凡事都有定时。出生有时，死亡有时；耕种有时，拔出有时。”

我们能做的，就是坚守本心，做好想做的、能做的，静待时机。

怎样才能坚持？

----> 2022.10.7

“都知道做事要靠坚持，怎样才能坚持？窍门在哪儿？就在于不要结果。对结果没要求，就能坚持，因为你能坚持的是自己的本分，是使命、志向和价值观。”

这是华杉在“得到”上的一门课——“儒家的成功学：企业战略与人生计划”中讲的一段话，让我心有戚戚。人如何才能专注坚持？可能真的如华杉所说，窍门就在于对结果没有要求，对结果没有期待。

我之前看过一个短视频，大意是说，人为什么会容易3分钟热度？那是因为他经常处于失望之中。当他所做的达不到他的期望时，他就会失望。一旦失望，就难免放弃。

在《掌控习惯》一书的第一章《微习惯的惊人力量》中，作者詹姆斯·克利尔说：“我们做了一些改变，但总是迟迟不见期待中的效果，于是我们失去了改进的动力，退回到之前惯常的做法。”

其实，这个道理我早就懂得，在《好婚姻，就是一次又一次爱上对方》一书里，我写了一篇文章——《降低你对婚姻的期待》：

人心就像浩瀚的海洋，如果没有海水把它注满，它就是空的。我们每个人内心都有一个巨大的空洞，里面装着很多需要，我们常常把这些需要寄托在外界和别人身上，尤其是自己的亲密爱人身上。我们以为，只要有了亲密爱人，就有了很好的家庭关系，有了很好的孩子、很好的事业……这些需要得到满足，我们的人生便得以圆满。

如果我们带着这么高的期望走进亲密关系，即将面对的极可能是失望——即使是最亲密的爱人，也不可能完全满足你内心的需要。没有人天生为你而生，你把那么多期望放在伴侣身上，这对他/她是不公平的。不幸的婚姻各有各的不幸，而其中一种不幸就是，当对方没有满足你的需要时，你或者用抱怨责备打击他/她，或者用威逼强求压垮他/她。

我知道降低对婚姻的期待，为什么没有举一反三，降低对写作的期待呢？而且我身边就有一个活生生的榜样，那就是哼妈。哼妈是一个尽心尽力，但对结果不抱期待的人。也许正因为如此，她才活得开开心心。

怎样才能不期待结果？华杉说：“这世界不归我们控制，我们连自己都控制不了，怎么能控制世界呢？我们连自己给自己定的原则都把握不了，怎么能把握未来呢？我们只管努力，把结果交给命运，顺其正命。”

我原来是如何降低对婚姻的期待的？在结婚之前，我和哼妈接受了为期两个月的婚前辅导。我和哼妈在婚前就知道对方是怎样的人。因为经过充分了解，所以不会盲目期待。

更重要的是因为爱。在婚礼上，我当着众人的面承诺，从今以后都要爱哼妈，不管哼妈贫穷富有、健康疾病，也不管哼妈是年轻漂亮还是容颜老去。也就是说，在婚礼上，我就决定要付出爱，而不是要从哼妈那里得到爱。

在这个世界上，有一个我所爱的人，我就很感恩。同样地，在这个世界上，有一件我所爱的事，我也应该很感恩。此后，就是去付出爱，而不能想着从中获得什么。“施比受更为有福。”

詹姆斯·克利尔说要“忘记目标，专注于体系”，他发现“那些结果与我当初设定的目标几乎没有任何关系，却与我遵行的体系有着千丝万缕的关联。目标是关于你想要达到的结果，而体系是涉及导致这些结果的过程。如果你想要更好的结果，那就别再紧盯着目标不放，而要把精力集中到你的体系建设上。”

他所谓的“体系”其实就是由一些微习惯构成的。所谓微习惯，就是将习惯拆解成更小的习惯。例如，我想实现每天6000字的目标，就需要养成早起写作的习惯。

早起写作的习惯还可以继续拆解：如果我要5:30起床，那就意味着最起码要22:30上床睡觉。不仅如此，我还要养成随时用手机记录自己想法的习惯，这样每天写6000字就比较容易实现。

也就是说，与其总是想着要达成每天写6000字这个目标，还不如想着每天要早起写作、早睡、记录想法……只有建立起这些微习惯，将目标拆解到细微之处，才能保证目标的达成。

你此时此刻是成就辉煌还是一事无成并不重要，重要的是你当前的习惯是否让你走上了通向成功的道路。你应该更关心你在当下前行的轨迹，而不是你已经取得了什么样的结果。习惯是自我提高的复利。就像金钱借助于复利倍增一样，你的习惯的效果也会随着你不断地重复而倍增。在一两天的时间里，你觉不出任何不同，但在数月和数年后，你会发现它们产生了巨大影响。

毛竹在头5年生长缓慢，人们几乎觉察不到，但5年后，它在6周内向上猛窜90英尺（约27.43米），在这之前，它一直在地下建立四处蔓延的根系。类似地，你在培养习惯的过程中，有相当长时间是感受不到它的影响的，直到某一天，你突破了临界点，跨入新境界。在任何探索的早期和中期，通常都会遇到不如意的低谷区。你期望日新月异，收到立竿见影之效，但让你感到沮丧的是，在最初的几天、几周甚至几个月里，几乎看不到任何明显的变化。你觉得一切都是在白费功夫。这是所有复利进程的共同特征：最有力的结果总是姗姗来迟。

用詹姆斯·克利尔以上的话来勉励自己吧。

千里之堤，毁于蚁穴

----> 2022.10.8

今天是国庆假期结束后的第一天，黎总给我发来微信，说“采之”的代码可以给我。我挺高兴的，有些事情，只适合等待。

刚好昨天刷到董宇辉的一个视频，他说耐心本身就是一种智慧，练习耐心需要时间。成年人越来越急躁，越来越着急想要结果，急于求成。这个时候，“只问耕耘，不问收获”的价值观就凸显出来了。这是哼妈默默遵行的价值观。因为她认为，结果是不可控的。在“采之”这件事上，等待让我尝到了耐心的甜头。

这也可以说是我多与人沟通的甜头。那天我和黎总交流，得知他放弃了“采之”，我有了请他把“采之”给我的想法，并告知了黎总。

我立即和前同事旺仔通了电话，他是产品经理，需要他去画产品原型，否则“采之”就无法推进。但他如今在重庆，大概一个星期后才回北京。只有当面沟通，我才能更顺畅地把想法告诉他，更重要的是，我需要和他当面商量方案。我要等他回来，要有耐心，不要催他回京。

现在我能够做的，就是思考一下，形成一个初步方案。我最近的日程并没有因此发生变化，但我心里多了一份牵挂。我的内心更充实了，也多了一份希望。哼妈也多了一份希望。

哼妈不支持我现在这种没有社交的写作。她说，这样写会把人给写疯的；没有什么社交的人，都有点偏执。

她凭直觉觉得我这种关门写作的方式不好。我能感受到哼妈并不支持我这种写作。但她最后也说，如果我想这样继续写下去，那也可以。只要我愿意写，坚定地要这样写，她也不拦着，她随我。

她倒是支持我做“采之”。用哼妈的话说，做“采之”，对我的写作更好，因为我跟这个社会有更多联结了。而我想说的是，如果我不专心写作，在写作上就不会精进。我有一个感觉，好像又要被牵引着离开写作。

我的忧虑是有原因的，当初我因为踢足球，导致自己的日程大变：晚上踢球后，第二天早上起不来；早上起不来，就导致我的其他安排都被打乱……这就是多米诺骨牌效应。现在，“采之”来了。

哼妈鼓励我一边写作一边做“采之”。对，我可以这么做，正如我当初欢欢喜喜去踢球一样，现在我也欢欢喜喜地去做“采之”。只是不要放弃跑步和写作：每天写6000字，跑步7000米——这是我生活的锚。不要捡了芝麻反而丢了西瓜，但也不要因为有了西瓜，就觉得芝麻可以不要。

有了“采之”我是很高兴的，正如当初去踢足球一样。它们让我的生活更加丰富，让我与更多人建立连接。这是哼妈很乐意见到的。哼妈确实喜欢我有社交生活。

我倒不是多么不善于社交，只是如果我找不到与人交流的理由，就不愿意应酬。如果理由足够打动我，我很乐意与人建立联系。例如，当我想踢足球时，就能迅速拉起一个小队伍，并很快组建了一个足球微信群。现在有了“采之”，我也拉起了一个小队伍，立马和四五个人建立起了联系。

我还是很期待“采之”的，它对我的成长是有利的。我想，做“采之”对我的写作也是有利的。也许有人要问，假如“采之”不小心大获成功，我会不会放弃写作？我的答案是：不管怎样我都要写作。哪怕财富自由了，我还是要写作。

“穷则独善其身，达则兼济天下。”我能“独善其身”很重要的一个方法就是写作，就是每天写6000字。与创作相比，我更像是在写日记，也可以说是《斯坦福大学人生设计课》里提到的“美好时光日志”或《认知觉醒》这本书的作者周岭每天写的“反思”，不是给别人看的。

其实，任何人都应该反思，可以通过写日记，也可以通过写“美好时光日志”的方式，这样有助于自己的成长。我现在每天写6000字，就是通过写日记的方式来观察自己，也包括观察自己对“采之”的热情能够持续多久，从而决定要不要继续做或该如何做。

我最深的恐惧是什么？

----> 2022.10.9

最近我在看李一诺写的《力量从哪里来》一书。她是清华大学学士、美国加州大学洛杉矶分校博士、麦肯锡公司原全球合伙人、盖茨基金会中国办公室首席代表，“奴隶社会”公众号和一土教育的联合创始人，也是“有马甲线的三个孩子的妈妈”……

她说：“我们每个人面对的各种人生难题看似不同，但背后其实有共性。如果刨根问底，就会发现问题的底层总是我们无法面对的某种恐惧。”怎么办？她说就是不断追问自己到底害怕什么。更深的恐惧是什么。正是因为她突破了一个个“不敢”，她才获得了上面的那些成就。

那么，我最深的恐惧是什么？为什么我这么犹犹豫豫？为什么我显得这么没有勇气？我是担心靠写作不能养家糊口吗？

我说过到目前为止我的人生所得是拜写作所赐。我没毕业就能进入新教育研究中心，后来又创办大V店，都是因为写作。

甚至可以说，我能赢得哼妈的芳心，多半也是因为写作。

现在的我比以前有更丰富的生活、工作经历，读过更多书，我也比以前更有时间与精力写作。那么，上述“担心”其实是不存在的。

我是怕自己所写的文字对别人没有帮助，害怕自己所写的文字没有价值吗？我想也不是的。我写了几本书，其中《日进3万3》《好婚姻，就是一次又一次爱上对方》《香草山传奇》卖了几万甚至十几万册。

那么，我最深的恐惧到底是什么？我最怕的应该是我没法一直写，我总是写写停停，我怕自己在写作上不能坚持。毕业5年后，我换了10份工作。创办大V店后，我也很多次想离开。我觉得自己在工作上并没有坚韧这种品质。

为此我一直问自己：我要做什么？也许我是在问：我做什么能一直做下去？正如克尔恺郭尔说，要找到能够为之生为之死的理想。我找了这么久，从上大三就开始找，找了十多年，如今找到了吗？是不是就是写作？要知道，我也曾多次放弃过写作。这次我能坚持写下去吗？

该如何摆脱我在工作上的“3分钟热度”这个困扰？我想就是要找到自己真正热爱的事。我不觉得自己是一个3分钟热度的人，不觉得自己是一个不够坚韧的人。我的婚姻经营得很好，个中因由，皆由哼妈起，她是我所爱的人。

写作是我所爱的事吗？虽然从小到大我断断续续地写作，但我还需要经过一段时间的集中考验。这就好比我和哼妈在结婚前，有一段密集的婚前辅导一样。如果用一句话来总结，婚前辅导就是探寻关于你到底爱不爱眼前这个人与你要不要和眼前这个人结婚的答案。

怎么验证我爱不爱写作？很简单，就是花很多时间去做。我记得有人对“爱”下过一个有意思的定义：“爱就是很有时间，不怕麻烦。”当你爱一个人或一件事时，你就会有时间，也不会怕麻烦。正如多萝西娅·布兰德在《成为作家》里说的：“如果你总是做不了这个练习（早起写作），就放弃写作吧。你对写作的抗拒实际上要大于你对写作的愿望，迟早你都会找到其他途径释放你的精力。”

这次我从9月22日开始写作，到现在不过十来天的时间。这么短的时间显然还不足够得出结论。

不过我很有信心一直写下去，因为我发现了“倾泻式写作”。这也是《成为作家》《写作这回事》《写作的禅机》等书中所倡导的写作方法，即在写第一稿时想到什么就写什么，能写多快就写多快。坦白说，如果写童话故事，我完全没有信心一直写下去。我曾努力过一两年写童话，却很难等到灵感再次降临，以至于后来我什么也不写了。

也就是说，我有信心一直写下去是一回事，但能不能一直写下去是另一回事。要想能一直写下去，还需要时间的洗礼与积淀。

我不知道要写多久才能确认自己热爱写作。我想到时候我的心会告诉我。正如我的心告诉我，哼妈就是我所爱的人，我就是要和她结婚。哪怕通过婚前辅导，我们知道对方有这样那样的问题，我们还是决定结婚。如果我确认了写作就是我的热爱，我就要和写作“结婚”。

我和哼妈为什么能把婚姻经营得不错？不仅仅是因为我们结婚之前很爱对方，同样重要的是，我们有结婚这个仪式。我们在婚礼上郑重承诺：“无论健康疾病，无论富有贫穷，无论顺境逆境，我愿意爱他，直到永远。”

在婚姻里，因为有承诺，我没有恐惧。我很有安全感，我不害怕哼妈会离我而去。“爱里没有惧怕。”

现在我还是怕我不够热爱写作，还不敢和它“结婚”。现在就是我和写作的“婚前辅导期”。我和哼妈在接受婚姻辅导的那段时间，经历了很多痛苦，才更加了解彼此。我希望经过这段“辅导期”，我能够看准了，想好了，去做，去全身心地投入。不再对写作抱有怀疑和畏惧，这就是从不敢到勇敢。

不通过作恶寻开心

---->2022.10.10

在“得到”上听华杉讲课，他说他的一些朋友很佩服他每天早上5:00起来写作，一写就是七八年。

这确实是了不起的成就。成就不是非要通过做大事来彰显，能够持之以恒，水滴石穿地做一件小事也是了不起的成就。

这也是我需要具备的价值观：只问耕耘，不问收获。做对的事情，不期待一定有好的结果。什么是对的事情？早睡早起，写作，跑步，喝水……这些都是，并且我一下子就能判断出来，但要不要做“采之”，就需要思量一下。

最近这段时间我在刻意做对的事情，不管跑步还是写作，包括早睡早起、喝水……这些事情，确实让我获益，也让我越来越充实。做了这些事情，我就不会把时间耗费在不好的事情上。

冯唐说过，要成为一个了不起的人，要做到三点：第一是不给别人添麻烦，“你要能够自己养活自己，能够自己过自己的日子，包括照顾自己的身体”；第二是“能够相对开心，不同的人有不同的方法，对我来说就是读书。到我现在这个岁数，反过来发现，10岁以前的爱好到现在还是最大的爱好”；第三是“不作恶，有人说我只有作恶才开心，那不好意思，我看不起你，还是不要作恶去开心为好”。

怎么让自己开心？不是通过作恶让自己开心，不是做那些让自己上瘾的恶习寻开心，而是通过做自己爱好的事情开心。冯唐说“10岁以前的爱好”往往是一个人最大的爱好。写作是我10岁之前就有的爱好。有这样的兴趣爱好让自己开心，也就不那么容易通过作恶让自己开心。

一件可喜的事情是，最近这些天我没有玩斗地主游戏，刷短视频的时间也大大减少，我把更多的时间和注意力，都用在写作、跑步这些事情上。

爱好带来的快乐，往往不像上瘾之乐、恶习之乐来得那么猛烈刺激。不要因为没什么可写就停止，然后去寻别的乐子。我之前一贯的做法，不是迎难而上，而是避开困难。我需要改变。如果在做让自己开心的事情时遇到的困难我都没办法克服，那么在做其他事情时遇到困难，我可能大概率选择避开。

这让我想起作家徐则臣的关于写作训练的一段话。他说不管怎样，他都会把小说写完，甚至写5个结尾。这5个结尾，很多时候都是“硬写”出来的。有人说，这样“硬写”不好，不是有感而发。但他说，他是在练习，是在练笔。他通过这种训练得到了很大的好处：一是作品完成了；二是他确实知道怎么写作了。

我有这个心力做这样的练习吗？我想我也是有的。只是说，我暂时先不逼自己写小说。现在我要训练自己的是每天早起写6000字。等这个训练达成之后，如果我还是非常想写小说、故事，那我也采取一些方式来训练。

如果有人看到我现在写的这些文字，恐怕也会说："'硬写'不好吧。""这都写的什么？完全是拼凑字数而已。"是的，我承认我在拼凑字数，我在完成我每天6000字的目标。

是的，先完成目标再说其他。不然的话，可能会有很多借口导致自己寸步难行。我之前总觉得要做就做到最好，不然就别做，从而没有什么实际行动。现在，我对自己说：拼凑字数没有什么问题，先完成目标，再考虑完成得是否出彩。

世界上有那么多美好的事情，挑选其中自己愿意、自己喜欢做的去做，不要跟自己较劲，不要跟自己过不去。

这么想，我就释怀了。我可以先不去写小说、童话，而是写我能驾驭的文字。我想写作，这种写法也让我开心。写作也是我的一种思考方式。当我通过写作的方式来思考时，我的思路会更加清晰。就像有的人喜欢沉思，有的人喜欢一边在黑板上画一边思考一样，我沉溺于通过写作来思考。在做决策之前，我可以在写作中厘清思路。

《好好学习》一书的作者成甲把每天写反思日记当作一个很重要的学习方法，他自己每天会花一两个小时写反思日记。我每天花2小时写6000字，来看见自己的成长。

让美好穿过自己

----> 2022.10.11

这两天我的脑子里总出现“工具人”这三个字。什么是“工具人”？百度百科的解释是：“工具人”，网络流行语，泛指某人在不知情，或心甘情愿的情况下，对他人进行帮助，任劳任怨，随叫随到地付出，在情感，物质和经济上不求回报，一直像工具一样被对方使用或使唤。

我要把自己训练成“工具人”。谁来使用、使唤这个“工具人”？我自己。只有当自己成为合用的“工具人”时，我才能更好地驾驭、使唤自己的身体和思想，以达到目的。换个说法，就是把自己打造成趁手的兵器。

小时候学骑自行车，摔过一些跤，受过一些伤，但总体而言，学骑自行车的过程是痛并快乐的，是自愿的。学会之后，有事可以骑车去想去的地方，方便快捷；没事可以骑车兜兜风。训练自己养成习惯就像学骑自行车。过程中肯定会有一些不适。习惯养成后，那就自然了，一旦练成就可以“自动驾驶”，就不那么费力了。

我现在希望养成的、最重要的一个习惯就是：早起写作，每天写6000字。

为什么每天要写6000字？因为我看到不少作家都有这么一个习惯：每天写一定的字数。我认为这是作家最为重要的一个习惯。如果以后有人问我，怎么成为一名作家？我就建议说，每天写一个固定的字数。至于具体写多少字，因人而异，写多少字满足就写多少。

每个领域都有最关键的事情。要成为一个领域的专家，最需要做的就是养成一些关键的习惯，这些习惯让你有能力去完成这个领域中的关键的事。怎么找到一个领域里最关键的事？多看这个领域的专家给出的建议。

我看了不少有关写作的书，如《写作这回事》《成为作家》《写作的禅机》《写出我心》……这些书的作者仿佛是我的写作教练。按说，每个人都应该有自己的人生教练。但请教练花费不少。哪怕上一个兴趣班，也要花不少钱。怎么办？那就看书，也可以通过互联网学习。

通过阅读，我有了一个写作上的老师，那就是村上春树，他的习惯是每天早起写作和跑步，之后就是午睡，听听音乐，看看书。我要做的也基本如此。我要把自己打造、训练成合用的工具、器皿、媒介。

对我来说，除了养成早起写作的习惯，很重要的一点就是“让美好穿过自己”。如何做到？我认为可以从三个方面去努力：第一，要有意识地选择美好。第二，要消化美好。第三，要传递美好。让健康的饮食穿过自己，让美好的文字、电影、音乐……穿过自己，让大自然穿过自己……

首先，如何“选择美好”？我想美好是有公认的标准的。例如，有哪些好电影？其实看看豆瓣电影的评分、排行榜就可以；有哪些好音乐？看看网易云音乐的排行榜及相关的歌单即可。从公认的美好里，找出自己喜欢的，让这些美好穿过自己即可。

我自己做的一个很重要的训练是：捕捉想法。我好像一个拿着网兜的孩子，去捕捉蜻蜓。我要分辨哪些想法是美好的，然后尽量捕捉下来，记录下来，并写成文章。这些好的想法，就是美好的一部分。不是我多么有能耐，好像我创造了这些想法。不是的。我不过是捕捉想法的人而已。我不是创造蜻蜓的人，我不过是一个捕捉蜻蜓的人。

然后就是“消化美好”。首先你要相信人有“自动反应能力”。健康的饮食进入我们的身体，消化系统自然就会去消化。我们可以做一些事有助于消化，如慢跑、散步、腹部按摩等。精神上的食粮，也会被我们自带的消化系统——心灵——内化成我们身体的一部分。

“消化”之后，我们就有能量做事，把美好传递出去。我想起甘地的一个故事。有一个妈妈带着孩子来找他帮忙，说孩子太喜欢吃糖。甘地让她们一个月后再来。一个月后，母子来了。甘地对孩子说，以后还是尽量少吃糖吧。这么简单的一句话为什么要等一个月才说？因为这一个月里，甘地自己从原来吃很多糖到尽量少吃糖。只有这个道理“穿过”自己，甘地才会施予别人。

我自己要成为一个“工具人”，要有“甘为管道”的意识。我要提醒自己：“我”没有什么了不起。我无法靠“自己”活着，我不是“自有永有”的。如果没有美好流向我，我很快就会枯竭，很快就会死亡。这也就要避免所谓的“熵增”过程，一定要从自身以外吸收美好，吸收能量，这样人才能传递美好和能量，让美好、能量、爱……经由自身流淌出去。这就是我说的“让美好穿过自己”的意思。

要尽量屏蔽不美好的东西，不管是不健康的饮食，还是不健康的精神。如何做到？这就要谈到对自己的训练。

昨天我在小红书上看到科比接受记者采访的视频。记者问科比怎么面对一些批评的声音、一些不良的情绪？科比说，他就会跑到训练馆去练球。这时，他就像一个演员到了片场，一下子就进入状态。演戏以外的事，他都管不了，也不能管。科比上场训练比赛，演员上场演戏，都能让他们屏蔽不好的东西。

对我来说，能起到相同作用的，就是打开电脑“上场”写作。

每天被最想做的事叫醒

----> 2022.10.12

我要不厌其烦地对自己说，现在我最重要的一件事就是每天写6000字。这其实是一个很好的工作方法，写下每天要做的事，列一个清单，其中有一件事是最重要的。这最重要的一件事是什么，因人而异，你只需要想清楚，什么是你真正渴望做的，也能产生正面效果的事。

怎么保证能完成最重要的那件事？其实，只要认准了那件事，有了目标，方法路径就会不断涌现。有时，有了方法还是做不到，那就继续拆解。比方说，我人生中最重要的一件事就是成为一名作家。在我要“成为一名作家”的路上，最重要的事就是每天坚持写6000字。

为了完成每天写6000字的目标，最重要的一件事是什么？那就是早起写作。只要我能够早起写作，就能写6000字，哪怕我前一天没有什么输入（没有看书、看电影、听圣经），没有跑步，没有记录想法……

为了能够5:30早起写作（可以不断拆解下去），也有不少要做的事情，例如，要调好闹钟，不把应酬安排在晚上，要早睡，睡觉前摆好明天早上要穿的衣服和写作用的电脑……最近我又想到一个可以让“早起写作”更容易发生的做法，那就是在前一天产生一个很想写成文章的想法。

一般来说，前一天我会随手记录一些想法，尤其在跑步的时候。第二天早起写作，当我没什么可写时，就会打开前一天记录的想法。现在我进行了一点调整优化，那就是我在前一天就要想清楚哪一个想法让我激动，让我很想写成文章。

如果有我特别想写成文章的，那就在心里不断酝酿，好像在蓄水池里蓄水。不过我不能当天就把这个想法写成文章，因为我已经写了6000字了，我要把这个想法留到第二天早上再写——蓄水池里的水尽可以蓄多一点，等开闸放水时，就可以喷薄而出了。

我以前会在当天就把让我激动的想法写成文章。这就导致有时候我一天不止写6000字。但现在我有一些改变，每天就写6000字，不要少，也不要多（多几百字是可以的）。

这好像是在对我自己进行延迟满足训练。有糖不吃，留到第二天早上吃。这样我第二天能够有很强的动力早起。一旦我早起，并且把这个让我激动的想法写完，那6000字也就不难完成了。

当我早起写完6000字后，接下来的时间里，我最重要的一件事就是寻找一个让我想写成文章的想法，并留到第二天早上再写。跑步、看书、看电影、给小哈上课、给小哼讲故事、洗碗、在路上听圣经……都可以带给我触动，让我产生写作的想法。

昨晚洗碗前我在脑子里回想，发现并没有自己特别想写的。我去翻看了昨天记下的想法，依旧无果。洗碗时，想法突然来了，于是我立马放下碗擦干手，在手机上记下："什么是我最想写的话题？"

然后，我继续洗碗，在脑子里论证这个想法值不值得写。我问自己：你想不想写？有没有感到激动？能不能明天早上一骨碌就从床上蹦起来写？我的答案是肯定的。

其实我的这个写作方法，不过是海明威写作方法的变种。他在接受《巴黎评论》的采访时说："每天早上天一亮我就动笔，没人打扰……写好的部分通读一下，知道接下来会发生什么、会写什么就停下来。写到自己还有元气、知道下面该怎么写的时候停笔，吃饱了混天黑，第二天再去碰它。"

之后，《巴黎评论》问了他一个问题："有没有灵感全无的时候呢？"

他回答说："当然有。你要是在知道接下去会发生什么的时候停笔，就能接着写下去。只要你能开始，问题就不大，元气自然贯通。"

是的，只要能开始，问题就不大，就好比只要能推动第一块多米诺骨牌，接下来一切都会迎刃而解。往大里说，我每天是被梦想叫醒的，但更准确的说法是，我每天被最想做的那件事叫醒。对现在的我来说，是被最想写成文章的那个想法叫醒的，它让我在早上5:30，一骨碌从床上蹦起来。

习惯的力量

----> 2022.10.13

刚才看到冯唐的视频，他说他在40岁左右，意识到习惯比很多东西都重要。我最近正好有这样的认识。

在我大学刚毕业那会儿，我不觉得习惯有那么重要。那时我在新教育研究中心工作，新教育发起人朱永新老师通过“教育在线”，在很多学校里倡导师生用一个月培养一个习惯，一共有12个习惯。那时，朱永新老师还发起了“写作保险”项目，说如果写10年，每天写1000字，还不成功的话，尽管来找他理赔。朱永新老师一直坚持写作，坚持阅读，坚持锻炼。他每天要游泳，每天都起得很早。习惯就意味着坚持，坚持就是习惯的力量。

那个时候，我才重视起习惯的力量。前几天，我连续在“得到”上听了两本有关习惯的书。这也可以看出，我越来越重视习惯，越来越重视坚持，认识到水滴石穿的重要性。不管做什么事情，如果没有形成习惯，没有一直在做，就很难有效果。

詹姆斯·克利尔在《掌控习惯》一书里说："一种行为重复的次数越多，与之相关的身份就越是得以强化。""你的身份实际上就是你的'反复存在'。""养成习惯的过程实际上就是成为你自己的过程。""在我人生初期的大部分时间里，我并不认为自己是作家……我的写作水平充其量只是平均水准，绝对算不上出色。在我开始写作生涯的最初几年，我每周一和周四都会发表一篇新文章。随着证据的积累，我的作家身份也在增强。我一开始不是作家，我的习惯使我变成了作家。"

我可以成为一个好作家吗？我自认为是可以的。因为我每天早起写作。作家就应该多读多写。我不仅写得多，也读得多。美国诗人惠特曼说：看到什么就会成为什么。这是我很认同的一句话，我经常看电影，经常看书。这些都属于自我勉励，勉励自己在这些行为上越发地努力，让这些行为重复、重复、再重复。

仿照惠特曼这句话，现在我可以说：你坚持做什么就会成为什么。这显然是一个更加普适的道理。因为人们评价一个人，往往是根据他长久以来的行为，而不是他看见了什么。

那么，如何形成一个习惯？我想和大家分享一本书——《福格行为模型》。这本书中并不会列出具体的习惯，而是分享一套策略，帮助读者养成适合自己的习惯。不过，作者福格博士特意强调了一个具体的习惯："我想先破例一次，请你开始一个新习惯……这个新习惯很简单，只需要大约3秒就能完成。请你每天早晨一起床就立刻说出这句话——'今天又是美好的一天！'并在说出这句话的同时，尽量去感受乐观和积极的心态。”这就是毛伊习惯。

“多年来，我已经帮助成千上万的人将毛伊习惯融入生活，成效卓著，我自己也获益匪浅。通过毛伊习惯，你几乎可以毫不费力地立即迈向更好的未来。你也可以对毛伊习惯稍做调整，有些人说的话会不同，如‘今天会是很棒的一天’……可以根据自己的需要来调整……我发现这对提振心情非常有帮助，即使在我心情最糟糕的时候也是如此……事实上，在多数情况下，它确实让我拥有了美好的一天。”

最初看到福格的这个毛伊习惯，我有点嗤之以鼻，根本没想过自己要养成这样一个习惯，总觉得很做作。正如很早以前，我看到有人提倡每天对着镜子说：“你真行！你真棒！”而且“毛伊习惯”这几个字也有点让我不明所以，不太能接受。

那为什么我最近又开始做这样一个练习呢？除了意识到习惯的重要之外，也因为我最近看了《臣服实验》这本书。

作者迈克·A. 辛格与我的信仰并不相同。但是他说的“臣服实验”对我很有启发。什么是臣服实验？简单说就是要相信、接受“一切都是最好的安排”。是谁的安排？在他看来，是“生命”“生命之流”“宇宙”。

他说：“我不再想掌控自己的生活，我想要的是自由地展翅高飞，去到更远处。我开始把这看成一次伟大的实验。如果我在内心放弃抵抗，让生命之流来主宰一切又会怎样？这次实验的规则非常简单——如果生命让一些事情发生，那我就把它们当作来引渡我的。如果自我要抱怨，那我就用一切机会让他放手，然后向生命臣服。这就是被我称作‘臣服实验’的诞生。”

“我从天气这件最简单的事情上开始这个新的练习。下雨的时候就让它下雨，天晴就天晴，不抱怨天气。这件事不会太难吧？然而我的大脑做不到：今天怎么要下雨啊？每次不想下雨的时候就偏会下雨。都下了一整周了；太不公平了。‘看，多美啊，在下雨。’我试着用这样的想法来代替所有那些毫无意义的杂音。我发现这种接受训练非常有用，它们能有效地让头脑安静下来。”

作者说“让生命之流主宰一切”，也就是说，不管天晴还是下雨，刮风或下雨，天冷或天热，我都完全相信是生命的安排。既然是生命的安排，那就是好的，我就要说：“天气不错。”我甚至想说：“天气真好！”

如此，我把每天毛伊习惯的练习改为：“今天又是全新的一天，天气真好！”对我来说，这句话像是一句简短的祈祷。希望我能形成习惯，毕竟这并不难做到，只要两三秒。当我关掉早起的闹钟时，就说这么一句话。以后有什么调整优化，那再说。我并不期待说这么一句话就有立竿见影的效果。

与优秀者同行

---->2022.10.14

许久不联系的贝妈，突然在微信上问我："哈爸，您最近在忙啥？周末有空吗？我和辉哥想去看看您。"他们是我的前同事。我们约定好，周六下午15:00在公司办公室见面。

虽然我对这次见面聊天并没有什么特别的期待，但确实很高兴。一来，被人惦记、被人探望是一件让人高兴的事。二来，借着聊天，被别人了解甚至理解，也是让人高兴的。三来，有机会说说自己的情况，也是一种倾诉。加上我对他们的近况也是感兴趣的，想了解一下他们在做什么，对当下有什么感受。

我进而想到，我也应该去找别人聊聊天。看书是种学习，与人交流也是一种学习。我当然知道应该与优秀者同行这个道理，但之前为什么和别人联系不多呢？

我给自己找了一些理由，例如，我是一个创意型的人，我不喜欢与人聊天；我有社交恐惧；我觉得跟别人聊天是浪费时间……就像人生就是有高峰有低谷，如股市一样起起伏伏，我自己有起伏、有侧重不是很正常吗？

《写出我心》的作者纳塔莉提出了一个概念，很精确地描述出我现在的状态——“隐士型作家”。她在形容这类作家时说道：“只追索个人心灵中微不足道的真理。提笔写作时，应视野恢弘，胸怀全世界。即使我们独自走向荒野，在旷野中写作，也应时时和自己以及周遭的一切密谈……我们以为自己独一无二，那只是我们的自我在作祟……别任由自己的文章在笔记本上越积越多，把它们发表出来。别再以为艺术家都是孤寂又苦闷的，做人已经很苦了，还是别自讨苦吃吧。”

确实，我文档上的文字“越积越多”，没有发表出来，也没有发在公众号上。为什么？我想有可能是因为我觉得发表出去也收不到什么反馈，如泥牛入海。也可能是觉得发出来会遭遇不好的事情，如会有一些不友善的评论。

如今我觉得，还是要发表出来。昨天刚好看到“硅谷王川”的一段话：“通过公开展示你的思考，来寻找知识结构、兴趣或技能上，可能与你产生互补作用，或者1+1>2的效应的朋友。公开展示长期留存的文字记录，效率最高。”这就是“与优秀者同行”所带来的好处。

“与优秀者同行”这6个字对我的启发是，一方面，自己写的文字不要只是放在抽屉里、放在文档里，还是要拿出去示人的，是好是坏也让大家来评判一下；另一方面，写作虽然是一个人的事情，但如果有一些写作上的朋友，或者加入一个与写作有关的社群，那对写作也是有好处的，尤其是对坚持写作有好处。

只是到现在，我还无法完全做到“与优秀者同行”。说到优秀者，这会儿浮现在我脑海里的是雪晶。我想找她聊聊天，但一想到自己与她不是很熟，也很久没有联系，我就打起了退堂鼓。好吧，慢慢来，有些事不是想改变就立马能改变的，我也需要给自己时间。

在这方面，哼妈是我的榜样，她鼓励我多走出去，多与人见面。我就从多和哼妈一起出去走走开始改变吧。和哼妈一起多出去走走，我可以多接受各种信息，打破自己的信息茧房。

和哼妈出去走走是同行，和哼妈一起写作，岂不更是同行？我有点战战兢兢地问她，要不要写作？我很开心听到她说，要。

“那你的写作计划是什么？”

“我不要像你那么早就起来写。”

“我没有让你学我，你总得有你的计划。”

“我会每天写一点。”

我听她说“每天写一点”感到很开心。同时也不免担心：如果她真的想每天写一点，就应该把它当成一个目标。这个目标需要拆解，需要加具体化一点：写一点是写多少？可以是写多少字，也可以是写多长时间。不然的话，那就不太可能做到每天写一点。

但我现在不敢跟她说这些，未来的一段时间也不会说。即使要说，也要讲究方式、方法，讲究技巧。这还真是让我费心思的事情。虽然她文笔很好，但她不像我那么喜欢写作，当初要主编催她，她才会写稿。

刚才，我和她在外面逛街的时候问她今天会不会写。她说她正在脑子里构思，到时候一下子就写出来了。我听了很高兴，她心里有这件事。看来对于写作她也是有主动性的。我们真应该抓住现在的机会好好写作。因为我暂时没有养家糊口的压力，而她没那么多养育孩子和赡养老人的压力。

我最佩服怎样的人?

---->2022.10.15

昨天听马伯庸谈写作，他说他每天写4000字，是为了保持手感。他大量阅读，这让他每天有东西可写。他说他不是一个很有天分的写作者，但他认为自己是一个很勤奋的写作者。

他说:“不管是写作还是人生，都大概遵行二八法则，二是天分，八就是努力。”具体到写作，他说天分最多也就占三成，勤奋要占七成。有的人写作很有天分，可以拿满分即30分，可如果不勤奋，那么整个得分也就四五十分。他说他在勤奋上有70分，即使天分只有5分，那他也有75分。

我算是一个勤奋的写作者吗?我想是的。我每天写作6000字。有人或许会说，你写的6000字哪能跟人家马伯庸比呢?不过，我想马伯庸每天写的4000字也不都是完美的。

还有一点我也要向他学习：他可以随时随地写作。写作之于马伯庸是乐事，而不是难事，不是关于自律的事。写作对我来说，是件乐事，但也是一件需要坚持的事。

一位年轻的作家——李尚龙，他有一种很有创意的说法来形容那种三分钟热度的人——“间歇性鸡血，持续性低迷”。

我原来也是这种三分钟热度、间歇性鸡血、持续性低迷的人，我还为这种状态自圆其说，认为这样的人有创意、有爆发力。活到现在这个岁数，我才逐渐认识到努力、坚持的重要性。这不是因为我听了很多关于努力、坚持的道理。而是因为我找到了自己需要努力、坚持的事情。也就是说，当我能够做到坚持时，我就认可“人要坚持”这个价值观了。我能够坚持的事情就是写作。

我昨天还看了加西亚·马尔克斯的一个访谈视频，他在贫困潦倒时仍坚持写作。在他把家里值钱的、能当出去的东西都当出去后，终于完成了一部小说。这部小说有700页，如果一次都邮寄出去，他手里的钱甚至不够支付邮费。那时马尔克斯不仅有妻子，也有孩子，他要养家糊口。即使在这种情况下，他都坚持下来了。我还有什么不能坚持的呢?

微信公众号“丹尼尔先生”有一篇文章——《工作的本质和意义》。他说：“不论你是否信仰上帝，也不论你的职业是什么，你一定有自己的使命，内心有个声音始终无法抹去，无时无刻提醒你要做这个，要做这个，要做这个……”

这么多年以来，我一直问自己的问题是“我要做什么？”这个问题和丹尼尔先生所说的“内心有个声音始终无法抹去”是一样的。我其实一直知道，要写作，要写作……但是，我还是不断地问自己：我要做什么？其实，这是我在违背自己的意愿的表现。好像我在说，我不要写作，我不要写作……就能令我找到更需要我去做的、更值得我去做的事。实际上，我没有更好的答案，也不能让自己的内耗更少一些。

现在看来，我若是最佩服怎样的人，就应该努力成为怎样的人。这样，我就会平和地对待自己，不再进行自我攻击，降低内耗。

我最佩服怎样的人？就是那些有使命感的人。如果一个人遇到各种艰难困苦还在坚持，甚至乐在其中，那么他就是有使命感的。即使没有使命感，他的这种坚持、坚韧的品质也足够让我佩服。

现在是我最好的时候

----> 2022.10.16

有人评论我和哼妈的文章说，她喜欢哼妈优美淡雅的文笔，也喜欢我朴实无华的文字。

是的，我的文字“朴实无华”“口语化”，有点“流水账”，有人喜欢，有人不喜欢。

我自己喜欢我的文字吗？我喜欢，甚至可以说这是我的追求。一方面，我当下没有能力达成哼妈那样“优美淡雅的文笔”；另一方面，我有我的追求。我追求的是倾泻式写作，而不是费尽心思遣词造句、谋篇布局。这样的结果就是，文字显得朴实无华。

斯蒂芬·金说：“关门写作，开门改稿。”当我写作时，我是一个作者，沉浸在自己的世界里，凭直觉、潜意识写作，快快地写。但我想要发表时，我又化身为一个编辑，心中有读者，用理性、逻辑来改稿，慢慢雕琢。

所以我要明确自己想要的是什么，是为自己写还是要写给别人看。当我知道自己的追求、目标时，别人的看法就不会那么困扰我了，我也能确定自己该怎样写。如果没有目标，什么风都是逆风，都会让我左右摇摆。

虽然我现在想每天更新公众号，但我觉得自己的第一目标还是每天写6000字。至少这是当下的第一目标。既然我现在已经有了目标，那就打开自己，迎风招展。为什么说我当下的第一目标是写6000字？我前几天听到古典老师说，他比较反对不少人动不动说的写作变现，写作首先是自我疗愈，是“写出我心”；其次是自我表达，在写作中发现自己；再次是建立影响力；最后才是变现。

我认为古典老师说的自我疗愈和自我表达是一回事，通过自我表达来达到自我疗愈。就我自己而言，我擅长倾泻式写作，也喜欢倾泻式写作。倾泻式写作就是一种倾诉，是一种自我表达。我进行倾泻式写作的目的就是进行自我疗愈。

通过写作，我可以自我疗愈。至于能否将写作变现，那就是另一个目标了。有些人把赚钱当作乐事，但对于我来说赚钱是一种责任，是一份苦差事，是我不得已而为之的事，因为我必须养家糊口。所以，如果我把写作当成乐趣与疗愈，那就先不要着急凭借它赚钱吧。

这样就更容易理解为什么每天写6000字是我的第一目标了。因为写6000字是自我疗愈，是一件让我快乐的事情。同时，写6000字也是一种写作训练，陆游说“文章本天成，妙手偶得之”，一个人之所以会成为“妙手”，肯定要经过各种训练。一个写作能力再强的人，要写出浑然天成的好文章，那也只能“偶得”。这样的妙笔是在一直写的过程中，偶然出现的。如果我通过写6000字，写作能力提高了，写出了值得修改的文章，就可以发布在公众号上，甚至可以修改成书，这不就达到了古典老师说的最后一步——将写作变现，用写作赚钱吗？

每天，我都把写6000字当成一种自我表达，一种倾诉。我今天不仅通过写作的方式倾诉，还通过聊天的方式倾诉，因为和辉哥、贝妈见面了。

我们很随意地聊天。他们觉得我现在的状态不错，很让人羡慕，让我保持住。见面聊天的好处之一就是，我可以向他们表达自己，这就是一种倾诉。见面聊天的另一个好处就是，我可以在表达自己的过程中塑造自己。

在与人交谈时表达自己，就要更加谨慎一点。通过写作来自我表达，可以肆无忌惮一些，因为可以不给别人看。但交谈时说出去的话就像泼出去的水，所以我在表达时就会有所注意，就会意刻描画自己的正面形象。这就是“塑造”。

我多次对他们说：“现在是我最好的时候。”一方面，现在没有什么风口，大家都在一窝蜂地搞直播带货，除此之外好像没什么方向。我也尝试了两次直播带货，发现不适合我，直播带货不能调动我的积极性。另一方面，对内我没有养家糊口的压力，这样我就有更多的时间去做我喜欢的事情。

幸运的是，自大学毕业后，工作了十五六年，我逐渐认清了自己到底喜欢什么，那就是写作。在上大三时，我曾想过要以写作为生。但那个时候这样做不现实，我没有多少写作天赋，也没有接受过很好的写作训练，到县城读高中后才有机会读课外书。

如今不一样了。如今，我有条件花更多时间写作，我对自己的写作能力有了一些自信，毕竟我写过几本畅销书。更重要的是，我对自己是否真正喜欢写作也有了更加坚定的认识。是的，我喜欢写作，我写作我快乐。

这次，我与辉哥、贝妈相谈甚欢。是的，与人聊天是好的。写到这里，我发微信给雪晶说："雪晶好，最近想着找你聊天，也没什么特别的事。不知你有没有空？"

雪晶很快就回复："好啊好啊，哈爸的这条信息好像'神来之笔'，我周三之后都比较方便，看哈爸时间。"我说："那就周四下午两点？我去找你，你告诉我地址。"我们就这样敲定了见面时间，她说了见面地点，是在一家星巴克。

凡没有信心的就不做

---->2022.10.17

这两天我和哼妈分别更新了公众号。我不知道会持续更新多长时间。

哼妈是比较能坚持的人。要让她持续更新公众号的话，只要让她意识到这是一份工作，就好像她要上班一样，她就会坚持更新。她对待工作的态度是认真的，不会三天打鱼，两天晒网。

问题是，她能不能意识到这是一份工作？哼妈这两天都用手机写作，是晚上带孩子睡觉时写的，会写到很晚。这样对身体不太好。但我现在也不太好说她，怕打击她的积极性。且让她自由发挥一阵子，或许她能体会到每天更新公众号的好处，形成正向反馈。

我能坚持更新公众号吗？我不确定。每天写6000字，我是可以做到的。因为我觉得这是容易的事情，只要我想写，就一定能写出来。

那我是不是可以从每天写的6000字里，选编一些发在公众号上？我觉得也比较难。我去年尝试过一段时间，没法持续。当然，那个时候我没有规定自己每天写6000字。对我来说，现在“日更”公众号不是第一目标。我的第一目标是每天写6000字。如果日更公众号让我痛苦，我就不会日更。

毕竟，我每天写作的目的，不是为了赚钱，而是通过写作来自我疗愈，来训练自己的写作能力，来积累写作素材，来不断反思与成长。

从6000字中选编出一篇文章并发布在公众号上要花一两个小时。更重要的是，还不一定能编辑出来，这会让我非常沮丧。我今天花了一个多小时编辑，现在有点疲惫。

不管怎么说，我总是要写。现在我不是有点疲惫吗？我不是做不到日更公众号所以有点沮丧吗？没关系。不要沉浸在疲惫和沮丧里，行动起来，起来写作。写着写着就好了，就写出一条出路，把疲惫和沮丧丢开。

写作对我来说是多么重要，好像一个睡不着的人，要依靠安眠药一样。我这样一个人，要清醒、理智、乐观地活着，就要靠写作这样的“解药”来维持。

前不久我关注了一个公众号，是三川玲老师运营的“写出幸福”。是的，我现在的首要目标是“写出幸福”，而不是写出未来，也不是像学生那样写出高分，不是像现在的自媒体人那样写出影响力、写出钱财。

这样的话，写作会成为我逃避人生的一种方法吗？写作会让我不思进取吗？答案当然是否定的。因为写作可以使我获得幸福与快乐。爱迪生说过，一个人对世界最大的贡献就是自己活得开心快乐。这样，我们才能积极过好这一生。

学者余世存说："年轻人，你的职责是平整土地，而非焦虑时光。你做三四月的事，在八九月自有答案。"我现在不是年轻人了，而是中年人了，还没有参悟明白这个道理，还在"焦虑时光"，其实，对我来说，写作就是"做三四月的事"，我被写作倒追着多多输入、多多阅读，到了"八九月"能否写出成长、写出幸福自会见分晓。就把写作当成一件春种秋收的事吧，慢慢等待它的结果，并享受其中的快乐。

从这个意义上说，我也不能期待哼妈坚持更新公众号。这不仅因为我自己做不到，还因为我知道她并不乐在其中。虽然她文笔好，但她不喜欢写作。她喜欢的是收纳整理。她可以在家里一直收纳整理而不觉得劳烦，正如我一直写作不会觉得劳烦一样。所以人不要给自己太大的压力，做自己喜欢的事就可以了。

我越来越意识到一个道理，那就是一个人很难做到自己没有信心做到的事情。也可以说，只做自己力所能及的事，而不要做超出自己能力范围的事。怎么知道事情是力所能及的，还是超出自己能力范围的呢？标准就一个：自己有没有信心做到。

我有信心每天写6000字，那我就可以要求自己每天写6000字，这在我的能力范围之内。我现在还没有信心做到日更公众号。我不能因为有这样的期待就要求自己日更公众号，这样会让自己很焦虑、很沮丧。

这并不意味着我永远不能日更公众号，因为能力是可以不断提升的。怎么提升能力？就是不断做自己力所能及的事，循序渐进，做着做着，能力就提升了。让自己始终处于“舒适区边缘”，处于“拉伸区”，处于“最近发展区”。

日更公众号对于现在的我来说，就会让我处于“困难区”。我没有信心做到，会沮丧，会焦虑。或者，我也可以想一个方法，把日更公众号当一个目标，不断拆解它。正如我之前把每天写6000字这个目标拆解成每天早起即可。我有信心做到每天早起。

不自然的刻意练习

----> 2022.10.18

» 突然的幸福

我突然感到很幸福，因为寒假可以回重庆。这倒不是说回到重庆有多幸福，尽管重庆有好吃的，有自己的三室一厅可以居住。这种幸福感是因为“我可以”，我可以自由地去重庆或别的什么地方。因为我是一个写作人，写作没有地点限制，在哪里都可以写作。

我是在换跑步上衣时，想到上面这些话的。于是我停止换衣服，从卧室走出来，拿出电脑写下这些话。哼妈大声说：“你在干啥？进去又出来，感觉你很诡异。”

这个行为很诡异吗？也许是吧。但我不希望这个想法飘走，我也不想让这个想法在我跑步的时候一直在我脑子里盘旋。我想要的是，把这个想法写下来，现在就写下来。

有人说：想法是气体、语言是液体、文字是固体。气体容易消散，液体容易蒸发，固体是可触碰的，是实在的。现在我通过写作让想法凝固下来，也使这幸福凝固下来，不然它们都会转瞬即逝。

这就是我在现阶段所进行的写作，它有点刻意，不够松弛。松弛，是所有创作者追求的一种状态，一种境界。画家何多苓说过，“紧”干不好事情，但他也说，凡事都要经过“紧”的那么一个阶段。

所以现在我练习写作，尽管是刻意练习，有点“紧”，有点不自然，在别人看来“很诡异”，但我却觉得幸福。

» 写出答案

在跑步回来的路上，有人微信上问我：“哈爸，应该怎样使内心接受自己的平凡和平庸？”我先是回答了一个字：“写。”按说这一个字就够了，但我担心她以为我敷衍她，又给她发了长长的语音。

我说：“你就去写，每当想起这个问题的时候，你就拿起笔来写。你问我或问别人，其实都没有用。你去写！可能你今天写出来的答案，跟明天想起这个问题又写出来的答案不一样。不过没有关系，每当想起来就去写，想到别的困扰你的问题也去写。反正想到什么就写、写、写、写。”

我之所以回答得这么肯定，是因为我平时就是这么做的，也因为《写出我心》里的一篇文章——《我为何写作》就是这样说的：

写作具有庞大的能量。如果你为写作找到一个理由，随便什么理由，似乎都不会否定写作这项行动，反而会让你益发燃烧自己，让光芒益发照亮笔端。问问自己“我为何而写”或“我为何想写”。不过，别去光思考这个问题，要拿出纸笔，用清楚、斩钉截铁的声明来回答。每一项声明都用不着百分之百的正确无误，这一句可以和另一句形成矛盾。需要的话，甚至可以撒谎，好让自己写下去。要是你不知道自己为何而写，就当作你晓得原因，写下你的回答。

换作别人若是这么问我，我应该不会这么回答。或许我会让他去看某本书，或者我讲一番道理，或者让他找什么人问一问。但是对于今天发问的这个朋友，我有所了解——她是一个从小喜欢写作的人。

» 在798写作

此刻我坐在798艺术区，没有在咖啡店里，就坐在路边的一个凳子上，三三两两的行人从我眼前经过。这会儿阳光很好，暖和，坐在阴处也不觉得冷。

我刚刚从“旁观书社”里出来。这次我是一个人来的。两天前，我们一家四口来798，发现了这个书社，匆匆看了一下，觉得可以再来。这次书店里的人很少，到最后只剩下我和另一位男士。店员的数量比顾客的数量多。

从书店出来后我本想着回家，可是一看时间，不过三点多。要不去回家路上的一个书店？就这么犹犹豫豫的，在798的大路上慢慢走。我想，反正自己也不着急，要学会慢下来，闲下来。

坐在路边的凳子上，我又想起《写出我心》的作者纳塔莉的建议，说最好可以在任何地方写作。马伯庸就能随时随地写作。而有些作家有一些特殊的癖好、习惯，非要在某个地方写作，或是把某个地方改造成什么样才能写作。我想我不会这样。我要训练自己可以在任何地方写作。

为此，我就坐下来写，好像摆设了一个即兴写作摊位。在哪里都可以写作，这是一种幸福。

» 现在做什么才有未来？

今天在李善友教授的文章里，看到他引用了德鲁克的一句话："战略不是研究我们将来要做什么，而是研究今天我们做什么，才有未来。"李善友教授解读说，你不能把未来看成一个在前方吸引你的目标，这样做就好比在驴面前挂一根胡萝卜。你要不断专注当下，击穿一个点。这样做的话才会有未来。击穿一个点，就可以进入一个全新的世界，这就好比斯蒂芬·金说的，只管努力，灵感就会来。

对我个人来说，做什么才会有未来？我觉得很重要的一点是找到什么让我有未来感。也就是说，我通过做什么，才会觉得有未来。找到这件事很重要。当然，事实更重要。例如，我觉得现在这样写作让我有未来。但一两年、五年、八年之后，是不是真的有未来呢？那要以事实说话。

这是一个不断优化、不断击穿的过程。乔布斯说，“我从来不做长期预测，连3年计划都没有，我只关注当下”。

对我来说，写作不仅让当下的我幸福，也让我觉得有未来，最起码让我对未来充满希望。

兴趣是快乐的根本保障

---->2022.10.19

我最近在读《王弘治给孩子讲西游记》，停不下来。我发现自己很喜欢这种讲解名著的书，不管是讲解《红楼梦》《西游记》的，还是讲解《圣经》《论语》《孙子兵法》的……

阿西莫夫小时候很喜欢看科幻故事，长大以后就写科幻故事；斯蒂芬·金从小喜欢看恐怖故事，长大以后就写恐怖故事。今天我去西西弗书店，看蔡骏的《故事写作》。书里，他建议要专注写一个类型，如他自己就写悬疑小说。这是不是也是因为他看过大量悬疑小说呢？

我喜欢看名著解读。也许，我可以把解读类的文字当作自己的写作类型。我倒不是想放弃倾泻式写作，倾泻式写作给我带来快乐，帮我度过无聊的时间，它还能让我进行一些深入的思考，这些思考往往对我的生活有指导作用。

但我认为我的文字对读者没有什么好处，最起码没有直接好处。怎样的文字才是对读者有好处的文字？我目前想到的就是读书笔记，不管是读书还是看短视频或互联网文章，我都做一些摘抄，写一些感想。

其实，我平时写的笔记就是先摘抄些书中的内容，然后谈谈感想。我喜欢这种形式的写作，我把它称为"摘抄式写作。"

我们上学时写的作文不都是这样的吗？先给一段材料，看材料写作文，题目自拟。只不过，写作文的材料是给定的，而摘抄式写作要自主选择材料，从短视频平台选择材料，从新浪微博选择材料，从书籍里寻找材料……这样看来，我现在有两种得心应手的写作方式：倾泻式写作和摘抄式写作。倾泻式写作对我有好处，摘抄式写作对别人有好处。两者相得益彰。

虽然我之前的笔记就是摘抄式写作，但当我这么命名后感觉又不一样了。原来是知其然，现在是知其所以然。

也是机缘巧合，昨天我从书架上抽出一本书来读，是《华杉讲透〈论语〉》。我觉得华杉是摘抄式写作的杰出代表。他是华与华、读客两个知名公司的创始人，还是前者的董事长。这10年来，他每天5:00早起写作。写的就是我所谓的摘抄式写作，也就是解读经典，他只解读儒家经典。

华杉拍过一个视频，在他所在的公司有一个展厅，角落里摞着他所写的书。他说他有一个"生命行为艺术"，就是要著作等身。现在他写的书，已经快要到他的腰了。他为了能够5:00早起写作，每晚21:30就睡觉，十年如一日。

在前言中，他说他花了四百零几天解读《论语》，中间只因为生病间隔了5天。这是付出了何等的专注、坚持、毅力。暂且不说他将儒家经典解读得怎么样，单单从他日日去解读这个行为本身来看，就可以看出他的坚持。

我没有能力解读经典，只能写写阅读经典之后的感想。虽然只是读后感，也得依靠坚持。既然如此，从今以后我就早上5:00起床写作，晚上22:00睡觉。中午再午睡1小时。这样既可以保证一天8小时的睡眠，也可以保证创作的时长。万一我坚持不下去怎么办？华杉说要靠立志。

他说："本事靠什么呢？靠学习。学习靠什么呢？靠立志。立志是为学之本，你只有先确定了志向，才能在一件事情上用心用力用时间，积累十年，一万小时定律，成为世界级专家，那你不太可能存在吃不上饭的问题。""事业第一也是立志。比如我们现在都说，成功来自专注、坚持……专注坚持的人，他是专注坚持于自己的志向。因为志有定向，所以才能知止，行为才有边界，才能勇往直前。"

在华杉看来，志向就是使命，就是知道这辈子要做什么。他说，一个人之所以焦虑、不快乐，就是因为没有志向，没有使命。

在《快乐论：志向是快乐的根本保障》一文里，华杉说："快乐的失去，往往是因为人生目标失踪，没有志向，没有追求，没有使命感。有志向，则内心强大，一切自足，超越贫富，不为外物所移。物质的富有是一件美妙的事，内心的富有更是一件妙不可言的事。内心的富有是什么？是志向……只有志向，才是快乐的根本保障。”

对我来说，兴趣爱好才是快乐的来源。倾泻式写作就是我的兴趣爱好，它能不能发展成我的志向、使命，并不重要。“摘抄式写作”是我的志向、使命吗？我不知道，要依靠时间检验。

歌手李健说：“不要小瞧乐趣，真正看重、培养它们。拥有快乐的生活比什么都重要。在今天这样一个时代里，来自外界的干扰很多，烦恼特别多，快乐是稀缺的。真正的智慧来自生活，生活艺术家才是真正的艺术家。很多艺术家，作品卓越，生活惨淡，一塌糊涂。但一些看似普通的人，把自己的生活经营得非常好，这样的人是我所羡慕的，我希望做这样的人。所以，一个好的乐趣、好的爱好很重要，当你认可自己生活的时候，即使身陷困境，甚至身陷囹圄，痛苦都会减轻很多很多……每一个人的一生都是很短暂的，我越来越看重自己的那些乐趣。”

这世界有那么多美好

----> 2022.10.20

昨天看了“中国梵高”赵小勇的故事。他是湖南人，初中没毕业，后来去了深圳大芬村打工，做一个画匠：手工复制出十几万张梵高的作品。

2014年，赵小勇受人邀请，到荷兰的阿姆斯特丹去看梵高真迹，他发现梵高博物馆里随便一幅画，都比他所有的梵高复制品值钱。回国后他做出了一些改变，一边继续人工复制梵高的作品，一边开始原创。

一直以来，我都不会欣赏一幅画作，虽然我在上中学时专门学过一段时间画画。或许我可以学习一下如何欣赏。我到这个世界上来，为什么不好好享受一下这些经典作品？有一个诗人说：“为了看看阳光，我来到这世上。”

我在写作时，喜欢听莫扎特、巴赫、贝多芬、肖邦的钢琴曲，虽然我也不知道好在哪里。但我相信它们都是优秀的。因为这是大家公认的，也经过了时间的洗礼。

现在我也尝试听中国古典音乐，找到“国乐炫技”这个专辑，第一首《十面埋伏》就把我吸引住了，里面还有《高山流水》《二泉映月》《阳关三叠》……我相信任何举世公认、经历时间洗礼的作品都是优秀的，不论古今中外，也不论创作者是谁。

我要感谢互联网。没有互联网，我肯定接触不到这么多好的电影、音乐，也接触不到这么多好的书籍。我不太去电影院、音乐厅，也不太去书店。通过互联网，我可以享受这一切。

电影、音乐、书籍，这是让我享受的东西。至于绘画、雕刻、建筑、戏剧、舞蹈什么的，我暂时还欣赏不来。没关系，先好好享受能享受的。活在这个世界真是很好，有那么多美好，可以享受很多东西。我想，一个人是可以靠经典存活的。一些人靠《红楼梦》活着，一些人靠《论语》活着，一些人靠鲁迅的作品活着。赵小勇靠梵高的画活着，一方面，他靠复制梵高的画谋生，另一方面，他从梵高的画中悟出了自己人生的方向。

“我的生活就是我的艺术。”这是赵小勇说的一句话。我也可以说，我的生活就是我的写作。写作占据了我很大一部分生活，也贡献给我很大一部分快乐。例如，每天我要很早起床，花两三个小时甚至更长时间写作。在这段时间里，我过得很好。

可能有人会问：“你何必这样生活呢？大清早的时间用来睡觉，岂不更是一种享受吗？”我知道睡觉是一种享受，我一天也安排七八个小时睡觉。但不能一直睡，我还需要安排其他事情，过得充实，才会觉得过得有意义，才会觉得满足。

一个人活着，既要从世界那里获得什么，也需要回报世界。这是无法避免的。

“施比受更有福。”享受世界上那么多美好是幸福的，作为回报，为这个世界添砖加瓦，为世界添彩，则更为幸福。一个是消费，一个是创造，这是两种不同的快乐。

看电影、听音乐、看书、跑步，是从外界获取美好。写作，则是创造，是回报世界，是一种责任。承担这样的责任，会让人有更深刻的快乐。

我在这个世界上享受了那么多美好，消化之后，可以有所产出。有输入，就有输出。有些输入，立马就能启发思考，让我写一些文字出来，指导生活。有些输入，会有潜移默化、润物细无声的影响。但要相信种子已经在心里，总会生根发芽，总会形成文字，让生活更好。

此时，我要好好想想怎么向哼妈表达感恩，她是我一生中所遇最美的“美好”。

热爱需要自律吗？

----> 2022.10.21

昨天我和雪晶见面了。出发前我有很多的犹豫，在哼妈的鼓励下才出了门。这次聊天大大出乎我的意料，让我感受很好。

» 你之砒霜，我之蜜糖

雪晶先是说我瘦了，但她说我看起来状态很好。我就说这可能是因为我平时跑步。我们就这样开始了关于运动的话题。

她说自己不爱运动，她老公希望她多运动，就找了一些她喜欢的项目，例如，她喜欢亲近大自然，她老公就约她爬山。和家人一起她是喜欢的。这样，她慢慢喜欢上了爬山。不仅如此，她现在还会尝试跑步，“这在以前想都不敢想”。

我听了很有共鸣。我说哼妈也不喜欢跑步，甚至不喜欢散步，但她喜欢和朋友边聊天边散步。前不久，她和朋友逛后海，走了15000多步，仍兴致盎然。隔天她又去走，她的脚都走疼了。她还喜欢跟着视频锻炼，我给她找过一个能瘦肚子的视频，这个锻炼我完全做不来，哼妈却可以。

我和雪晶都感叹：你之砒霜，我之蜜糖。我们就这么快速地进入了话题，进入了聊天状态，完全没觉得尴尬。

我对雪晶说："现在是我最好的时候。"在说这句话之前，我们聊了直播带货。我说我做了两三次直播，很痛苦，就不干了。雪晶帮我分析，看看我到底卡在哪里。她认为有些"卡点"是伪卡点，找到了就能解决。例如，雪晶公司有些老师做直播，一开始愿意做知识分享，但不愿意卖货。后来觉得卖货对别人是有帮助的，就解决了这个问题。

我也分析过不少原因，如准备不足、成本太高、达不到预期，或是有我不愿意推荐的东西……

后来我分析到，可能就是因为我不喜欢。我喜欢的事情就是写作。我想把时间和精力用在写作上。

雪晶说，她的工作伙伴海蓝博士也是在38岁转行的，从医学领域转到了心理学领域。那时很多人不看好她，说她到时候找不到客户。海蓝博士孤注一掷，说大不了去刷盘洗碗，当乞丐也行。想清楚底线，就能放手一搏。

» 两种人

我们都觉得世界上有两种人：一种人是干一行爱一行，一种人是爱一行干一行。我觉得自己是后者；而哼妈和方华是前者。

雪晶说她爸爸是前者，而她是后者。

他们是真的干一行爱一行吗？我觉得也未必。如果真的爱这行，就不会中途换行。正如爱一个人意味着一生一世。更准确的说法是，他们是那种会努力做到不留遗憾的人，不管什么事交到他们手中，他们都会尽职尽责、尽心尽力。

这种人往往比较理性，情绪比较稳定。很多企业家就是这种类型的人。我比较感性，如果我不喜欢一件事，我就很难尽职尽责去做。光靠责任，我很难做到全力以赴。但如果这件事我很热爱，那我可以付出120%的努力。

不过，真正热爱的事很难找到，即使找到了，也不一定有机会全身心投入去做。毕竟，做自己热爱的事情，并不一定能赚钱，最起码一开始很难赚钱。如果不赚钱，就很难养活自己，很难养家糊口。

养家糊口是最起码的责任，生存是第一位的。正所谓，皮之不存，毛将焉附？不过，正是在求生存的过程中，在各种折腾尝试中，我们才慢慢发现自己的热爱。很多艺术家就是这样发现自己的领域的。

» 热爱需要自律吗？

我和雪晶在写作上也有共同话题。她说她也喜欢写作，而且她对写作比较自信。她给杂志写的稿件，一般都不用怎么修改就能刊登。但她认为自己缺乏自律，已经有一段时间没写了。我就说，如果你真喜欢写作，应该不太那么需要自律的，只需要一点刻意的练习。

首先，要用心体会，体会写作是不是真的为你带来快乐和满足。例如，一个人在很累的情况下，会做一些事情让自己放松一下。有些人可能选择在大自然中走一走；有些人可能选择去看电视；有些人则去玩游戏；还有些人会睡一觉……那么，在你很累的时候，你去尝试一下写作，看看通过写作你是不是就不那么累了，是不是感觉写作是在给自己充电、加油。

当你发现写作真是一个让自己放松、让自己感受到快乐与满足的事情后，你就需要一点刻意为之，你要让这种快乐形成习惯。养成一种让自己快乐的习惯需不需自律？需要，又好像不需要。你只不过提醒自己去做一件让自己开心的事，但生活中有很多诱惑，稍不小心，我们就可能放弃我们真正喜欢的事情。

很多诱惑我们的事能够刺激我们的大脑产生多巴胺，这是大脑的一种奖励机制，让我们不断获得激素带来的快乐。如果我们不留意，就容易落入多巴胺的陷阱。我们需要不断提醒自己，做自己真正喜欢的事才能获得长久的快乐与满足。而做那些受多巴胺驱使的事，有可能只能获得一时的快乐，而且会带来负罪感、自我攻击等负面情绪，生活也会一团糟。

所以，最好规划一下时间，让自己在一天中有那么一段时间是不受打扰的，可以做自己真正喜欢的事。我现在5:00起床，看起来是我自律，是我在坚持，但我是在做我喜欢的事情，在这段时间，我可以不受别人干扰，刻意地练习写作。

慢慢地，当生活进入了正循环，我对生活越来越有掌控感的时候，就不那么需要刻意的自律了。

生活之锚

---->2022.10.22

昨天晨光书店的文翠姊妹通过微信找我，邀请我通过视频号做一次直播，让我讲讲如何让孩子爱上阅读。我本来不想直播，又不好拒绝，于是去征求哼妈的意见。在哼妈的鼓励下，我答应了。

也是昨天，中午我去方华办公室，和他边吃饭边聊天。我跟方华说，现在是我最好的时候。2013年年初，我看到公众号是个机会，于是投入其中，收获颇丰。如今的机会对于我所追求的事情来说甚至更好，因为我的生活有了锚。

我和我所爱之事的给定就是锚。如果生活中没有锚，我就会迷失在恶习之中。以前我是没有锚的，我会把生命浪费在没日没夜的打牌、斗地主中，让生活随风飘落。

现在，我找到了一生的热爱，不管是哼妈还是写作，都是我所爱的。不过，如果只是爱，而没有约定，就无法将热爱变成锚。

因为人是易变的。就拿我来说，我是那种会“见一个爱一个”的人，这种心态用在兴趣爱好上倒也不是什么大问题，但婚姻不能这样，所以我要用婚约对抗自己这种“见一个爱一个”的天性。我和哼妈的婚姻被我经营得不错，就是因为我们在婚姻上有约定，我会守住哼妈。

对工作，我也是如此的。以前我经常换工作，总是厌烦眼下的工作，总觉得好工作在别处。实际上，每个工作都有它的不如意之处，即使是写作，也有不如我意的地方。重要的是，我是否与某一个工作有约定，不是指签订劳动合同，而是指约定好要实现什么目标。如果约定了，就可以忍受一切不如意。

人太容易随波逐流了——这是经历了那么多生活给我的教训后我才悟出的道理。所以，安静下来。把锚抛到深海中。

一旦建立了锚，我的生活就可以正常运转，就不至于随风飘荡。锚会把我的生活钉在一个正常的轨道上，让我有掌控感。例如，有了写作这个锚，我会早上5:00起床，晚上22:00上床睡觉，雷打不动。我要围绕着锚生活。

这两天看吴士宏女士的《越过山丘》。在《找到人生要事》这篇文章里，她提到了电影《城市乡巴佬》中的一个片段——

老柯说：“你知道人生的秘密是什么吗？就是这个。”（说着，他伸出一个手指。）

米契不解地问：“人生的秘密就是手指？”

老柯说：“人生的秘密就是只做一件事，就一件（the One）。

只做一件事，其他的事都不值一提。”

米契又问：“那么，这件事到底是什么呢？”

老柯：“你必须自己找到它。”

这个片段也启迪了《最重要的事，只有一件》一书的作者加里·凯勒。受此启发，加里·凯勒大获成功，他说：“完成最重要的事，就像推倒第一块多米诺骨牌，接着，剩下的问题都会迎刃而解。”写作是我的锚，是我最重要的那一件事，是我的第一块多米诺骨牌。

从这个角度说，我能不能写出对别人有益的文字并不重要；我和哼妈的婚姻对别人是否有益也不重要。文字也好，婚姻也好，对我们自己有益处，对我们的孩子有益处，这就足够了。

通过婚姻和写作，我活得更加圣洁，更加快乐，这就是意义所在。这种生活状态终归会传播出去，哪怕不是通过我写的文字，也会通过别的方式，如通过我的孩子、通过我做的事情、通过我影响的人传递出去。很多伟人不写作，但他们还是影响甚广。

所以，重要的是做好自己。至于传播的问题，可以顺其自然。重要的不是我写得好不好，而是我活得好不好。如果我通过婚姻和写作，让自己活得更好，那才是真正的好。

生活幸福的秘诀是什么？用一个字概括的话，那就是“约”。有了约，就能牢牢抓住最重要的一个人、一件事，人生就有了锚。人们总是被鼓励去寻找真爱——真爱的人和事。我想说的是，找到真爱的人和事之后，要立约，使自己忠于自己所爱的人和事。这样才有幸福可言。若是一个人三心二意、朝三暮四，他就没有幸福可言了。

这个世界缺少“约”的精神。很多人更喜欢立志，而不是立约。立志和立约有什么异同？立志往往是一个人的事情，而立约就不只是一个人的事情了。立志是个人内心的宣告，立约则有见证人。这是最大的不同。

“我要做什么”vs“我想要什么”

---->2022.10.23

昨天粗略看完吴士宏女士的《越过山丘》一书。她很厉害，没上过大学，从普通白领打拼到“打工女皇”，连续两年被《财富》杂志评为“全球50位最具影响力商业女性”。2013年，她再次跨入了新的领域——成为一名企业家教练。

早在十几年前，我还在新教育研究中心工作时，就读过她翻译的书《穷人的银行家》《如何改变世界》《资本主义3.0》，只是当时没留意译者就是她。

吴士宏女士给企业家和创业者做教练时，通常会问：“你想要什么？”换一种问法就是：“你理想的状态是什么？”她说这是教练首先要问的问题。

这本书让我印象最深的就是吴女士为渊峙（化名）做辅导时所发生的对话。因为渊峙和我有很多相似的地方，我们都年近40，也有相同的信仰，还有一个相似之处是，渊峙也不知道他想要什么，他甚至觉得这个问题本身就不那么正确。

有一次，吴士宏女士问渊峙："你自己，内心最想要的是什么？"

之所以这样问是因为她发现"渊峙绝大多数时候都会想着满足其他人的需要，这是他天性使然，至于他自己最想要什么、活出什么样的状态才会对自己满意，恐怕是被忽略已久的问题"。

渊峙显然被这个问题刺中了，他思考良久才缓缓回复："我要好好想这个问题。"

几个月后，渊峙再次找到吴士宏女士，说："老师，您上次问我'你想要啥？'，我发现，活了快40年了，居然没仔细想过！潜意识可能觉得'我'想要啥，这件事本身就……"

"不正确？不正当？"

"对对对！就是这种感觉！哈哈哈哈。"

是的，我也有这种感觉。有时会觉得一个问题本身就不正确。"我要做什么？"这是我的"大哉问"。这个问题，我问自己问了十几年。现在想想，我可能问错了问题。

李善友教授对记者说过一段话："你知道今天的人最大的问题是什么吗？就是绝大多数人在回答问题，几乎没有用一秒钟的时间去审视这个问题——这个问题对吗？没人，我们都是忙着去解题。你想想看，老板给你个任务，你就去做了。甚至包括一个创业者，你得到一个创业机会，你就去做了，解决一个痛点你就去做了。但是，很少有人来问'我解的这个问题是啥呀？'……

爱因斯坦有一句名言，他说‘如果我要回答一个问题，我会花95%的时间去研究这个问题，解题的时间就占5%就好’。也就是说，你不要先解题，你对你的问题进行追问，当你对你的问题进行追问的时候，那个答案就出来了，绝对不是原来的那个答案，这个时候问题都不重要了，你对问题的这个追问就会带来更高层次的答案。我为什么有这个问题？我这个问题的结构是什么？这个背后的隐含假设是什么？它代表哪个层次？”

是的，仔细追问起来，我可能不该问“我要做什么”，更重要的问题是“我想要什么”。为什么应该这么问？吴士宏女士在这本书里用了两个理论来解释。

一个是“黄金圈”理论。在一个圈中有三个同心圆，最核心的是Why，可以理解为使命或方向；第二圈是How，即朝向使命或方向的路径；最外面的第三圈才是What，即要具体去做的那些事。我要先问Why而不是What，也就是先问要什么再问做什么。

还有一个是GROW理论，她说：“我学过不少教练的流程模式，确认GROW就是经典中的经典，再如何变种化妆，也很难跳出它的基本逻辑。”“GROW是Goal（目标）、Reality（现实）、Options（行动方案）、What（行动）的首字母缩写。GROW又正好有‘成长’之意。”

想要成长，不能先关注“要做什么”，而要关注“想要什么”。如果没有强烈的渴望，一个人是不可能长期去做一件事的。不仅如此，即使我回答了“想要什么”，也不是马上就能跳到“要做什么”上的。在这两者之间，还要有Options（行动方案）或者说How——怎样才能达到我想要的，也就是要问自己“我有什么”。

这也让我想起了“福格行为模型”，即B=MAP（行为＝动机+能力+提示）。“当动机、能力和提示同时出现的时候，行为就会发生。动机是做出行为的渴望，能力是去做某个行为的执行能力，而提示则是提醒你做出行为的信号。”可以说，一个人的渴望越强烈，他就越会去做什么。一个人某一方面的能力越强，相应的行为也就越容易发生。

在事业上，在人生中，我想要什么？我最深的渴望是什么？我想起在我创业风头正盛时，我妈妈跟我说过的一句话：“你赚再多钱又能怎么样？也不过是读读书、写写字。”是的，就像阿西莫夫说的，“我感到天堂就是写作”，我的渴望就是写作。

《卡特教练》：不要玷污你的热爱

---→ 2022.10.24

昨天我和小哈看了根据真实事件改编的电影《卡特教练》，很受启发。

电影讲述了一群在里士满高中篮球队打球的高中生的故事。这些球员都喜欢打篮球，有这方面的特长，但他们也有严重的问题：不学无术，经常输球，是“常败将军”，队友之间互相指责、抱怨甚至大打出手，不上文化课，未婚先孕……

总之，在电影一开始，这些孩子是一些篮球成绩不行，品格不行，学业也不行的“混混”。他们之前的老教练对他们无计可施，被气走了。卡特教练的到来，改变了这一切。

卡特教练来之后的4个月里，这支篮球队取得了十几次连胜。不仅如此，球员们还从“混混”变成正常的高中生，甚至可以说是从男孩变成了男人，在品格上有了很大的提升，学业成绩也有提高。他们中的很多人都上了大学，并且拿了奖学金。要知道里士满的高中升学率本来极低，当地18～24岁的男子，3个中就有1个会坐牢。

卡特教练是如何让这些“篮球混混”发生脱胎换骨的改变的？我认为，最重要的原因就是卡特教练说的一席话：“凭什么你们可以用脏话和挑衅来玷污我们热爱的比赛？凭什么你们可以穿着里士满的球服摆出一副流氓腔？你们就不能大度点，拿出冠军的气度！”

卡特教练正是利用了这群“混混”对篮球的热爱，才能对他们进行全方位的改造。这群孩子也因为对篮球的热爱，才能忍受卡特教练的严厉管教。卡特教练对他们的关爱是基础，他的抓手正是球员们的“热爱”。

影片最大的冲突是，当篮球队连胜了十几场后，卡特教练关闭了篮球训练馆，不仅不让队员参加比赛，甚至不让他们参加训练。为什么？因为队员的学业成绩没有达到他们当初的约定。

当卡特教练接手这个烂摊子，成为这支球队的教练时，他跟每位队员都签订了一份合约。卡特教练说，你们做到合约里所要求的，我就带你们赢球。他要他们去上文化课，并且上课要坐前排，文化成绩要在C+以上。他要求他们平时篮球训练提前5分钟到；去比赛要穿西装打带领；要互相尊重，不管是队友还是对手或教练……

一开始，就有几个队员无法忍受这些要求而选择离开球队。绝大部分人虽然很不满，还是留了下来。后来，离开的人也有回到球队的。为什么？我想还是因为他们对篮球的热爱。

不过，卡特教练认为，不能因为热爱就可以不顾一切，就可以不遵守法律、合约。因为他深知道，如果他们品格不好，学业成绩不好（这些都会“玷污”他们的热爱），他们的热爱也走不远。

我为什么会想着和小哈一起看这部电影？因为小哈喜欢折纸，我和哼妈也很支持他。但有时候我们会不让他折，尤其是在他长时间看别人的视频学折纸时。如果他看屏幕的时间过长，不管是上网课、还是看动画片、电影或玩游戏，我们就会禁止他看屏幕折纸。这就好比卡特教练禁止队员训练、比赛。

我和哼妈当然不是真的禁止小哈折纸，而是要他学会保护自己的眼睛。如果眼睛废了，还怎么折纸？前些日子我给小哈写了一封信，让他不要偏科。他现在喜欢数学，不那么喜欢语文和英语。我在信中告诉他，语文、英语和数学一样，对折纸都有很大帮助。我们也告诉小哈要多分享他的折纸作品，不要独享。这就涉及品格。如果他不愿意分享他的折纸作品，我们也觉得他在折纸上走不远……

只是我对小哈不像卡特教练对他的球员一样严厉。我觉得这不是重点。重点是，我们都不允许孩子“玷污”他的热爱。

怎样才算不玷污热爱？在电影中，有两种截然对立的观点：一方是卡特教练，另一方人多势众，以家长、校方、社区、媒体等为代表。后者认为，只要让这些队员打篮球就可以，不要管队员的学业成绩，所以他们不能忍受卡特教练禁止队员比赛、训练，他们通过投票打开了篮球训练馆。

卡特教练不为所动，坚持自己的原则，要求队员要学习文化课，也要遵守法律、合约。为此，他情愿辞职不干。可喜的是，当他来到篮球训练馆，准备收拾东西走人时，他看到队员们都在场馆里，不是训练，而是在学习文化课。

几乎所有人都反对卡特教练，但队员们和他站起一起。队员们能够感受到他的关爱。他们知道，卡特教练不希望他们玷污他们的热爱。他们知道，卡特教练希望他们走得更远。

在和小哈看电影的过程中，让我印象深刻的是：当卡特教练禁赛（包括禁止训练）闹得沸沸扬扬后，学校的女校长气冲冲地找他，质问卡特教练为什么不取消禁赛？为什么要剥夺这群孩子仅有的美好时光？卡特教练就说，这就是问题所在。女校长顿时哑口无言。

我按下暂停键问小哈，这是什么意思？小哈说，如果恢复比赛、训练，那他们能享受的就仅有高中这段美好的篮球时光。但他们没法上大学，没有更多的未来，他们有可能去坐牢，没法享受更多的美好时光。

看完电影，我问小哈有什么启发。他说，他要好好折纸，要好好学习。我补充说：品格也要好，对不对？不要辜负、伤害你的热爱，用电影里的话来说，就是不要玷污你的热爱。

这话当然也是对我自己说的。我一样不能玷污自己的热爱。

愿望、目标与承诺

----> 2022.10.25

已经写了3000字的读书笔记，好困，想睡一个回笼觉，但还要写3000字。可我不知道写什么。我是不是已经把脑子里的东西掏空了？若是这样，那也是好事情。若脑子空空如也，就不会阻碍更好的文字出现……

其实，脑子怎么可能被掏空？！帕斯卡尔说：“我能想象一个没有头和四肢的人，但无法想象一个毫无想法的人。”我不是脑子空了，不是没什么可写了，而是人已经迷迷糊糊，充满睡意了……

奇妙的是，门铃响了，我去开门，人就一下子清醒了。但写了几个字又犯困。我还是去喝杯水……倒了水，水很烫，一时半会儿没法喝。顺便拿了一个杨梅吃，酸酸的，稍微刺激一下自己……

昨天早上小哈问我《大肚鸡》有没有交给出版社，在得到我没有写出更多故事所以还未交稿的答案后，小哈说："爸爸，我祝你早点写出故事。"

我也希望早点写出故事，只是写不出来，我现在只会这样写。

泄气之际，我用斯蒂芬·金的建议鼓励自己。是的，至少斯蒂芬·金是这么说的——

你在没找到一个属于自己的空间之前，会发现很难严肃对待自己刚立下的写作决心……地方不妨简陋，但有一样东西必不可少：一扇你甘心关上的门。你关门，等于是以你的方式告诉世界，也告诉自己，你言出必行，你已做出要写作的严肃承诺，一诺千金，说到做到。

你终于走进书房，关上门，应该已经定好每天的写作目标。你得像进行体育锻炼那样，起初最好把目标定得低一点，免得泄气。我的建议是每天写1000个单词。我想我可以再慷慨一点，建议你每星期休息一天，至少刚开始时可以每周休息。就一天。休息多了，你就会失去写故事给予你的紧迫感。目标定好以后，你就要下定决心，不达目标决不开门。

赶紧动手把这1000个单词写在纸上，或者写在软盘里。我早年接受采访时，一位广播节目主持人问我是如何写作的。我的回答是'一个字一个字地写'，他一时无言以对。我想他是在琢磨我是不是在说笑话。我是认真的。终极答案总是这么简单。不论是只有一页的小短文，还是《魔戒》这样的巨著，都是作者一个字一个字写出来的。门把世界都关在外面，把你关在了里面。你要集中精力，完成手上的工作……

但是你需要一个房间，需要一扇房门，需要关上门的决心。你也需要一个具体的目标。你坚持的时间越长，写作对你而言就会越容易。不要等待缪斯从天而降。她是个固执的家伙，不容易受到创作悸动的蛊惑。你的工作就是要保证让缪斯知道，每天9:00—12:00，或者7:00—15:00，你都在。她如果真的看到你这么做，我向你保证，她迟早会现身，对着你施展魔法。

那么好了。你在自己的房间里，拉上了窗帘，关上了门，也拔掉了电话线。你还把电视收了起来，下定决心不管水深火热每天都要写出1000个单词才肯罢休。大问题来了：写什么？答案同样重要：你想写什么就写什么，什么都行……你只要讲真话。

是的，“想写什么就写什么，什么都行。”写什么呢？继续写读书笔记？

把我写6000字的目标拆解一下，我可以每天写两三篇（每篇6000字）读书笔记吗？好像目前还做不到。我还需要一个不断调适的过程。

正如跑步，我也不是一开始就每天跑7000米。我跑了一年，才有了这样的目标。这个跑步目标也不是一成不变的。例如，到年老时，我可能不跑步了，改成散步或打乒乓球。

我当下的愿望是：每天保证写1篇读书笔记，目标是2篇，最好是3篇。这样，我现在的目标就变成：每天跑7000米，写6000字（其中有2篇读书笔记）。

我们定下的目标或许需要修正，没关系，给自己空间。不要因为做不到而自我贬低。这就好比之前我想日更公众号，至少目前看来是难以坚持的。我现在不会因为无法日更公众号而责备自己。我给自己试错的空间，允许自己失败。不轻易给自己带上“紧箍咒”。

让魔鬼沉睡，让天使起舞

---->2022.10.26

现在是晚上21:00，我今天到现在才写了3000字，是3篇读书笔记。写1篇读书笔记差不多要一个半小时。而我之前“倾泻式写作”，写6000字只要两三个小时，一般上午就能完成当天的写作目标。

这两天我甚至想：如果6000字都能写读书笔记，那就好了。现在看来，这不太现实。这意味着我一天要写作八九个小时，甚至更长时间。这是给自己增加压力。

我昨天还说，每天的目标是跑7000米，写6000字（2000字读书笔记）。我现在每天跑7000米，不会想着多跑。跑多一些不仅对身体没有太大的益处，反而会让我心理上有压力。可在写作这件事上，我却总想着给自己增加压力。

如果想做成一件事，那就要让那件事变得容易发生，不要故意设置难度，不要故意去挑战自己、考验自己，那样的话自己很有可能经受不住就放弃了。

罗振宇说“千万不要考验人性”。人性中本来就既有魔鬼，又有天使。那我们该做的事情，用李希贵校长的话说就是“让魔鬼沉睡，让天使起舞”——这是我们和他人合作的基本原则。如果我们设置诱惑考验对方，那就是主动把对方人性中的魔鬼叫醒。这并不能证明对方是魔鬼，因为是我们亲手把对方人性中的魔鬼释放了出来，那么，作恶的岂不就是我们自己？所以他说，千万不要考验人性。

不要考验别人的人性，也不要考验自己的人性。不要把“放弃”这个魔鬼叫醒。这么说来，我还是调整一下目标，降低难度：每天跑7000米，每天写6000字（其中，早起写1000字读书笔记）。如果这个目标还是有压力，那到时候我就再调整，也就是：每天跑7000米，每天写6000字。

我就是这么跟自己对话、给自己讲道理的，给自己一个台阶下。很多时候，是别人给我们加油或我们期待别人为我们加油。但这可遇不可求。

给自己讲道理，是给自己加油的一种方式。有时候，我们会怎么都想不明白，或者忘记一些道理，导致我们“卡”在那里。

我会通过写作让自己理顺这个死结。我之前说，写作是倾诉，写作是思考，写作是度过时间的方式……那么，我也可以说，写作是给自己讲道理。

其实每一个人都会给自己讲道理。这个过程，很多时候是在无意识中进行的。但是，我们很多时候会被自己打败。因为每个人都有理性的部分，也有感性的部分。理性的部分讲道理，而感性的部分讲感觉。

如果一个人感性大于理性，那么他会很有创造力，但他也很容易陷入负面情绪之中。如果一个人的理性大于感性，他给自己讲道理的那一部分会更加突出，那他就不容易陷到负面情绪中。

因为他能给自己讲道理，能够自圆其说，哪怕就只是当时自圆其说也是好的。即使事后想来这个道理幼稚可笑，也没有关系。重要的是，当时的自己认可这个道理就行，如此就能从负面情绪的泥潭中挣脱出来。

听过一个故事，大意是说，有一群人在候机室等待登机，飞机延误了。有两个小男孩一直在那里吵闹，抢一个东西。很多乘客感到苦恼甚至愤怒，有一个乘客实在被吵得不行，就对两个男孩的爸爸说："你能不能管一下？"那个爸爸从恍惚中回过神来，一脸愧色，连连说："对不起，他们的妈妈上星期刚走，那是妈妈遗留下来的东西……"说着说着，那个男人的眼睛就湿润了。听了这个爸爸的一番话，大家就不再愤怒，反而对两个孩子充满了同情。

这是听别人讲道理让自己的情绪翻转过来的事。如果那个爸爸不讲这一番道理，那群愤怒的乘客中是否有人能够给自己讲道理，能够这么想："说不定这两个孩子遇到什么事了，也许这两个孩子有注意缺陷多动障碍……”若是这么想、这么给自己讲道理，也就不至于像别人那样烦躁、愤怒了。如果我在这群人当中，或许我就会打开电脑，通过写作给自己讲道理。

有人说，知道很多道理还是过不好这一生。因为这些道理，只在他的意识层面，而没有成为他的潜意识。怎么让道理进入潜意识？这需要深信这个道理，不断给自己讲这个道理。

C.S.路易斯在《返璞归真》一书里讲述了如何让一种想法植根于我们的思维中。第一步，承认自己的情绪会发生变化这个事实。第二步，我们需要不断地重复已经相信的东西，无论什么东西，都不会自动在我们的思想中存活下去，我们必须给它提供养料。

与其让别人的思想在我们的大脑中横冲直撞，还不如让自己认可的道理“洗一洗”。给自己讲道理，不就是“让魔鬼沉睡、让天使起舞”的方法吗？

珍惜自己的天赋

----> 2022.10.27

作家亨利·米勒在接受《巴黎评论》记者的采访时说：

“谁写了那些伟大的书？不是签上名字的我们。艺术家是什么？就是那些长着‘触角’的人，知道如何追逐空气中、宇宙中涌动的电流的人。他们只是靠着他们的机敏，从来就是如此。哪个人是原创的？我们做过的每一件事、闪过的每一个念头，都是现成的，我们无非是一种媒介，让空气中的某些东西变得有用的媒介，如此而已。为什么伟大的思想、伟大的科学发现，总是在同一时期在世界上不同的地方爆发？它们是如何诞生的，一首诗、一部伟大的小说或者任何一种艺术，就是如何诞生的。它们就在空气中，只是不会说话罢了。它们需要一个人、一个翻译员，让它们显形。”

记者问他：“有些人为什么特别有创造力？”

米勒回答说：“我说了，一个作家，是长‘触角’的人。要是他真知道自己是怎么回事，他会非常谦卑。他会意识到，自己是被赋予某种才能的人，命中注定要用这种才能为他人服务。他没什么可得意的，他的名字一文不值，他的自我就是零，他只是一架乐器，这样的乐器还排了好长一列。”

我的“触角”能接受什么“电流”或“电波”？我被赋予了什么才能？是不是就是写目前这种文字的才能？有时，我会陷入内耗，觉得写小说才是更高级的写作才能。

好在我会及时进行自我剖析，根据自己的实际情况调整心态。我会告诉自己，每天写6000字，这就是我目前所拥有的写作才能。这对我来说是轻而易举能完成的事，也是我喜欢做的事情。尽管这6000字好像没什么价值，只是日记，只是流水账，并不像郑渊洁写的6000字童话，也不像村上春树写的小说。

我有时也会想，如果我只有这种写作才能，那自己能不能欣然接受？前不久，李筱懿在直播对谈里说，她之前想成为一个写故事、写小说的严肃作家，后来她发现自己的才能是把复杂的事情写得通俗易懂。于是她就写一些人眼中的“鸡汤文”，成为一名畅销书作家。这样不也很好吗？

我也一直想写故事、写小说，想写严肃文学。文学是什么？诗歌是文学，小说是文学，那我现在所写的文字是不是文学？我会说《香草山传奇》是文学，但我当下所写的文字不是。

不是一个擅长创作文学的人也没关系，我至少可以说自己是一个擅长捕捉生活智慧、生活灵感的人。那么，我好好生活的智慧从哪里来？如果用亨利·米勒的话说："我们做过的每一件事、闪过的每一个念头，都是现成的，我们无非是一种媒介，让空气中的某些东西变得有用的媒介，如此而已。"

是的，我脑海中闪过的每一个念头，都是现成的。我只不过是长了"触角"，把这些念头捕捉下来，让它显形，并且愿意照做罢了。我是一个捕捉想法的人，一个捕捉创意的人——这是我之前就说过的话，也是我对自己的认识。

不要轻视这样的灵感、念头、想法、声音……我原来会觉得，创业的点子，写小说、写故事、写童话的灵感很宝贵，我非常想拥有。

如今，我才慢慢发现，怎么生活的想法（灵感）也很重要，对我来说甚至更重要。因为我觉得生活比工作、写作都重要。我最钟情的还是生活，我最想写的也是生活。

不要羡慕别人的想法，你有自己的想法。别人有创业的想法，别人有写诗的想法，别人有写小说的想法。很好，祝福他们。那么我呢？我有生活的想法。

现在，我乐意接受捕捉生活的想法，我不再轻视它。如果我工作很好，写的书也很好，生活却一团糟，那我不愿意。如果非要舍弃一些东西，我情愿我的生活很好，哪怕工作一般，也没有写什么书。

我和很多人一样，容易轻视自己已经拥有的，总觉得还没得到的更为宝贵；认为自己拥有的太稀松平常了，没什么价值。

我之前不就觉得自己的“触角”（才能）不够好，想要别的“触角”吗?

以前，我还会轻视被我的“触角”所捕捉到的生活智慧（想法）。如果一个人不尊重他的才能所带来的想法，那么想法就不会再来。

一旦有好的想法，就应该立马记录下来，更为重要的是要根据想法去行动，照着想法去做。这就是对想法的尊重。如果你还愿意把想法分享出去，那就更好了。

最后的演讲：用童年梦想引领一生

----> 2022.10.28

昨天我花了一个半小时听兰迪·波许教授最后的演讲。

一开始，兰迪教授花了几分钟时间交代演讲的背景：他那么年轻，只有46岁，看起来那么健康（当场还做了好几个单手俯卧撑），但权威医生告诉他，他得了胰腺癌，只有3～6个月可活。

这样一个悲伤的背景，和他在演讲过程中展现出来的幽默、乐观、友爱、专业形成了鲜明的对比。

这次演讲的主题是“真正实现你的童年梦想”。他说：“无论我有何成就，我热爱的一切全都来自儿时的梦想和目标。”让我没想到的是，童年时期的兰迪有好几个梦想。更让我没想到的是，他确确实实受这些梦想的激励和引领，用了一生的时间去追求这些梦想。可以说，他的一生就是完成童年梦想的一生。

“世间如果有捷径，那就是朝梦想努力的那一条。”在追梦的过程中，他遇到过不少困难。演讲时，他屡次在PPT上用一面咖啡色的墙来表示所遇到的困难。“这面墙让我们知道，为它后面的梦想而努力是值得的。这面墙迫使我们向自己证明，我们是多么渴望墙后面的宝藏——我们的梦想。”“围墙存在是有原因的，就是为了给我们机会，展现自己的愿望有多强烈。”

兰迪教授认为，这样的墙不会堵住那些真正有渴望的人，它只会堵住那些不怎么渴望梦想实现的人。在教授看来这是好事。举例来说，他有一个童年梦想是在游乐园赢得超大型的动物玩偶。如果有这个梦想的人很多，那竞争就会很激烈，他赢取的难度就会大大增加。

这面墙，好像一张网，起到筛选作用。那些真正有梦想，真正有渴望的人，才会克服重重困难，从这张网穿越过去，经历阵痛，破茧成蝶。

不要想着在追求梦想的过程中一帆风顺。即使有困难，也应该像兰迪教授那样乐观幽默，勇往直前。现场经常爆发出听众的笑声，这是一场让人有哭有笑的演讲。兰迪教授的肢体语言很丰富，我看他的表情动作，是能够充分感受到他的幽默的。

兰迪教授在整个演讲过程中感谢了很多人，赞美了很多人。甚至可以说，这次演讲也是他的感恩大会。

他感谢他的父母。因为他的父母允许他在房间里涂鸦，他的父母给他树立了很好的人生榜样。他也感谢他的妻子。演讲的前一天是他妻子的生日，他为了准备演讲就没有好好为她庆祝。在演讲时，他让学生推出一个大蛋糕，并且带领大家一起为他妻子唱生日歌。他也很感谢他的老师、同事和学生。

他说了句让我印象很深的话："如果你对某个人有意见，那是因为你还没有给他足够的时间。"这话说得真是太好了。他把每一个人都视为生命中的贵人，都助他实现梦想。

除了回顾他的童年梦想和感谢很多人，这次演讲还有一个主题，那就是分享他做老师的经历。他说："年长之后，我发现帮助他人实现他们的梦想，是唯一比实现自己梦想更有意义的事情。"

为此，兰迪教授在卡内基梅隆大学开设了一门"圆梦"课程：用虚拟现实技术，开发一项完成童年梦想的项目。这个课程，所有学生都可以报名参加，参与者众，热情极高。

兰迪的一生是快乐的一生，即便在他身患癌症时，他依然乐观。他在演讲中说，他只知道怎么过快乐的生活。在演讲的最后，他说："今天的演讲不是讲如何实现你的梦想，而是讲该如何引领你的一生（lead your life）。如果你正确引领你的一生，你自会得到你应得的一切。""要用你的梦想引领你的一生，要用感恩、真诚、助人圆梦的心态引领你的一生，要用执着、无惧、乐观的态度引领你的一生。"

是的，最好的人生就是被使命、梦想引领的一生。而能引领一生的梦想，往往在一个人年少的时候就显现出来了。说来奇怪，我在10岁左右就梦想着成为一个作家。而实际上，我童年的精神生活非常贫瘠。在我的印象里，上初中之前我没有看过一本课外书。我家里没有电视，我也没有一个会给我讲故事的长辈，没有一个鼓励我写作的老师。我的作文水平平平无奇。即使如此，我就想是成为一个作家。

兰迪教授还说："今天的演讲不仅仅是为了你们，更是为了我的孩子。"他有3个孩子，两儿一女，分别是6岁、3岁和1岁半。联想到他几个月后就要离开人世，实在是让人泪目。

听听真专家的建议

---->2022.10.29

现在是一个“专家”泛滥的时代，很多所谓的“专家”被拍在沙滩上，成为人们的笑谈，成为人们所不齿的“砖家”。因为他们不是真正的专家，人们才反感他们。对于真正的专家，人们还是心生敬佩的。我昨天读了《成为作家：来自伟大作家的随想与建议》，看这些伟大作家的建议，我心有戚戚。

曼斯菲尔德说：“回过头来看，我猜我总是在写作。写的也有废话，但写废话或者别的什么、随便什么，都比什么也不写要好得多。”是的，最重要的就是每天写。至于好坏，那是次要的。还是那句话，我的首要目标是每天写6000字。我当然希望这6000字都是好的，但也不能强求每个字都好，而给自己太大压力，以至于写不了6000字。这就叫得不偿失，舍本逐末。

福克纳说：“阅读，阅读，阅读。阅读所有东西——垃圾，经典，好的以及坏的，看别人是怎么写的。”我按照福克纳说的阅读所有愿意读的东西，写所有愿意写的东西。不管是好是坏，是垃圾还是经典。只要我愿意，那就读，那就写。

巴拉德说："在我的职业生涯里，我自始至终都是每天写1000字，即便是在宿醉的日子里。如果你想把这当作职业，就要磨炼自己。没有其他办法。"在我的印象中，郑渊洁也每天写6000字，不然他的《童话大王》就无以为继。我没法写6000字的童话，但总可以写6000像现在这样的文字。

唐德里罗说："我早上在手动打字机前工作。我工作大约4小时，然后去跑步。这有助于我摆脱一个世界，进入另一个世界。树木，鸟儿，细雨——这是很好的插曲。然后我再次工作，在下午晚些时候，工作两三个小时。"我对这样的节奏还是挺认同的，我差不多早上5:00起床，写一两个小时。然后送孩子们去上学，接着就去跑步，之后再写作。如果上午没有完成6000字的话，那下午、晚上有时候也写。

阿西莫夫说："思考是我最喜爱的活动，而写作对我来说，就是通过手指来思考。我一天可以写上18小时。"我不觉得思考是我最喜爱的活动。我只是想得多，甚至在很多时候，我觉得自己想太多了。我会觉得，想太多是一件不好的事情。于是，我把我所想的都写下来。这样我就不会想那么多了。另外，我确实喜欢通过写作让"手指来思考"。我总是觉得自己的脑容量不够。通过手指来思考，更有助于我厘清所思、所想。

昨天还看到一段话，挺有触动："坚持比步伐简单，你花在追逐一颗星星上的时间越长，你离星星越近。一辆速度为30迈的车前进10分钟，就是没有一辆速度为10迈的车前进2小时走得远。这就是为什么坚持非常重要。一个只愿意为了自己的梦想职业付出3年时间，然后就要返回保底工作的人，其实就是在放弃自己真的获得这个梦想职业的机会。无论你多么厉害，如果你在努力两三年后没有突破就放弃，那你是不太可能成功的。几年的时间，是不够走完摘取最亮的星星所需要经过的漫长旅程的，不管你的步伐迈得多大。”

我相信现在是我最好的时候，因为我可以写作了。但我会觉得这个时间可能只有一两年，如果一两年我写不出来，没有突破，我可能就没机会再写了。这段文字告诉我，要有耐心，没有3年时间很难获得突破，很难真正抓住获得梦想职业的机会。我想成为一个作家，它是我的梦想职业，既然认定了就不必着眼或担忧眼前的一两年，因为这是一项需要长久坚持的事业。

我唯一遗憾的是，我没有早点刻意练习写作。在我看来，一个最为简单的刻意练习就是每天写。最好每天写到固定的字数。不管写的是什么，好坏不重要，重要的是每天写。

亨利·梭罗说：“要趁有热情时写。”他用了一个很好的比喻：“农民在牛轭上烧洞时，会迅速把用火烧热的铁放在木头上，因为每多等一刻，穿透木头的难度就会多一分。没有立即使用的话，烧热的铁就没有用了。没有立即记录自己的思考的作者，就像是用冷掉的铁去烫一个洞，这样是无法激起读者的热情的。”

在不写作的时候，我会感到空虚，会觉得浪费时间。真的像约翰·伯恩说的：“不写作的时候，我都不太清楚可以干些什么。”

如何找到填充自己生命的东西？这个是要认真去体会的，要去察觉这一段时间里自己的感受如何。还要能够准确描述自己这一段时间的心情、感受。我说，我在不写作的时候会觉得心神不宁，会觉得浪费时间。事实上是这样吗？事实不重要。重要的是我对自己感受的描述。

当我写作的时候，我觉得充实，比阅读的时候还要充实。我甚至觉得自己能够一天到晚写作。我觉得我应该尝试一下，除了正常的吃饭睡觉之类的活动，其余时间都用来写作。如果说，我玩斗地主游戏可以玩一整天，甚至不止一天，那我写作可以做到这样吗？

前些天看到作家余华的一个视频，他说：“总会有一些学生或年轻人问我怎样才能成为一个作家，我说只有一个字——写，除此以外没有别的方法。写就像是人生里的经历，没有经历就构不成你的人生，不去写的话就不会拥有你的作品。”

“成为一个作家，只有一个字——写。”

我愿意低水平重复吗？

----> 2022.10.30

也许会有人说，你每天写6000这样的文字，写得再多又有什么用？！这样写，并不是“刻意练习”，不过是低水平的重复而已。

我想说的是，如果一个人愿意在一件事上低水平重复，那么也有可能将这件事做到极致。什么意思？很多人是不愿意重复做简单的事情的。况且，能忍受自己长期水平低并依然愿意坚持下去，这种忍受能力，这种坚持，就不是一般人所具备的。

愿意去长期低水平重复一件事，说明这个人是真的热爱这件事，也说明这个人真的能够守约。不然的话，这个人为什么愿意坚持做这件事？为什么愿意低水平重复？

所以，不要担心自己的努力是否只是低水平重复。愿意低水平重复，就是一种胜利。坚持就是胜利。每天往前走一点。每天写6000字，那就是胜利。

我这个人在写作上没有什么天赋、才华，但我有对写作的热爱，有对文字的看重。我真的非常看重自己写下的文字。别人可能对之弃如敝屣，我却非常珍惜。哪怕写的是这样的文字，我也珍惜。这就是我的价值观。

几乎没有人说我的文笔好。我的文笔确实没有哼妈好。但很显然，我比她更加热爱写作，我比她更加看重文字。如果只有才华但全无热爱，那么我就不会写，哼妈就不喜欢写作。

人可能有这样那样的才能和热爱，但如果他不能坚持，那也没办法将才能发挥到极致。什么事情都需要时间的堆积。

我曾写过这样一些文字：

> 写得不好也要继续写。为什么？再伟大的运动员，也不可能一直比赛，训练的时间远比比赛的时间多。
>
> 再者，就算是在比赛中，伟大的运动员也有发挥失常的时候。例如，篮球运动员乔丹、科比、詹姆斯，他们不可能每一场比赛都得分多少以上，他们也会有伤病。难道他们会因为发挥失常就不打球了吗？不会的。他们会继续打球。所以，写得不好是正常的。就算是专业选手也有失常的时候，何况我现在还不是专业选手，还不是职业作家。
>
> 我甚至觉得，作家需要经历那么一个阶段，知道自己在这个阶段会一直写得不好，但还是会继续写。我觉

得每一个想要稳定输出的职业作家，都应该接受这样的训练。明知道自己写得不好，还会继续写。明知道自己写的文字没法发表，还会继续写。

如果能度过这个艰难的阶段，那我以后写作品，遇到困难或写得不好的时候，我也不会慌，不会放弃。为什么？再怎么说，这种情况也比我现在的情况要好。我现在的情况是，我知道我每天写得都不好。

这是必经之路。如果通不过这个考验，那就很难有稳定的输出，算不上一个职业的状态。

我为什么突然想到这些文字？因为我在《成为作家：来自伟大作家的随想与建议》这本书中看到了詹妮弗·伊根的一段话：

愿意写得非常糟糕（非常重要）。这并不会让你有什么损失……这没什么。你得允许自己这么做，因为你不能期待自己总能有规律地写作，还每次都写得非常好。好的内容也许没有出现，但可以让糟糕的内容出现。让它出现吧！所以，尽管去写，并且要为你写了出来而感到高兴。你要坚持这种习惯。这就好像你要坚守某个位置，以便在某些美好的东西真的要出现时，你能在场。如果这（写得不好）实在是一件你无法忍受的事，那可能写作不适合你。

我觉得这段话真是太棒了。这不仅让我想起我之前写下的文字，还让我想起投资股票的事情。“当闪电打下来时，你必须在场。”这是查尔斯·艾里斯在《投资艺术》一书中的著名论述。

被称为“中国民间股神”的林园说：“股市上涨的时间只有5%，下跌或盘整的时间有95%。所以只能等这5%的时间，满仓等着。下跌时市值会有损失，但这个不要紧，股数没有减少。”“下跌是避不开的。我做了100人的调查，没有人能避开。如果避开亏损的波段，那么涨的时候也就没有他了。你必须在里面待着。”

当我不懂这些道理时，我会在股市下跌时卖出股票，以便避开亏损；我也会在写得不好时放弃写作。我之前不就因此放弃过吗？写了《香草山传奇》后，我用一两年的时间去写童话故事，可就是写不好，于是我就放弃了写作。我不是只放弃了写童话，而是放弃了写作。

幸运的是，我又回来写作了。说起来是幸运，背后其实满是辛酸。我为什么会回来写作？因为无路可走了。但从更高层面来说，这是一种幸运。

如今我懂得这些道理。如果我不能忍受股票下跌、写得不好，那我确实不适合股市，不适合写作。我甚至都不愿意用“忍受”这两个字。股票下跌、写得不好，在不适合的人看来，是要忍受的。但对我来说这需要忍受吗？其实，这是可以享受的事情。

说享受，你可能觉得有点夸张，那我就说是坚持吧。但这并不需要咬牙坚持，因为我写得不好时也乐在其中。当股票下跌时，如果我还有余钱，那我确实是乐在其中的，因为我还可以买股票。

那么，我能“忍受”多久写得不好呢？我之前的经历是，一两年写得不好，我就放弃了。那个时候我并不懂这些道理，现在我懂了，那我可以写多久，即使写得很糟糕？

现在我给自己3年时间。这3年，我每天写6000字。如果坚持3年，我还是写不出好的文字，到时候再来做决定：要不要继续努力去做一个作家？但这3年，不管怎么样，我都要每天写6000字，哪怕写的是废话。

这3年，我要一直在场，等待美好的事情发生，等待“闪电”打下来。

“你必须成为你自己”

---→ 2022.10.31

我今天一口气读完了魏智渊老师的《儿童读写三十讲》。魏老师很喜欢拿安徒生的《丑小鸭》来举例。在他看来，《丑小鸭》是讲述一个个体无法忍受平庸，最终走向高贵的故事。

如果只是因为无法忍受鸭群的排挤，丑小鸭不会在寒冬离开农家小屋。真正让丑小鸭离家出走的原因是农舍的平庸。丑小鸭向往高贵。当它看到3只白天鹅时，它选择靠近它们，即使有生命危险也在所不惜。

魏老师对电影《狮子王》的解读也让我印象深刻。当初小狮子辛巴被迫离开家园，逃到了一个地方，与猪为伴，生活得挺开心。后来辛巴渐渐长大，遇到了它青梅竹马的母狮。

这样，辛巴被迫面对一个问题：是继续当下这种及时行乐的生活，远离痛苦的记忆，也远离未知的恐惧，还是肩负起自己的责任与义务，冒着死亡的危险，去夺回王国，让大地重新焕发生机？这让辛巴左右为难，下不了决心。

作为智者、导师、辅佐者的狒狒拉飞奇对辛巴说："问题是，你是谁？"在拉飞奇的帮助下，辛巴知道了该如何选择。

魏老师评价说："你真正的使命，是成为你自己！""真正的自由恰恰在于，无论未来的路有多艰辛危险，你都必须成为你自己。这是你的自由，也是你的宿命，你不能逃避它！你是谁？你是作家吗？作家必须写作！你是画家吗？画家必须作画！你是将军吗？将军必须率兵作战！"

"我是谁？"我是一个作家吗？我是想成为一个作家。可我现在的写作更像是自娱自乐。

在《向大师学习：德鲁克谈自我管理》一书里，作者詹文明说，一个人要对社会、世界、人类有所贡献。如果我自娱自乐，写的文字没法给别人看，那我贡献了什么？我只能安慰自己，至少我贡献了一个快乐的自己。爱迪生说，一个快乐的自己是对世界最大的贡献。

写作使之快乐。所以，我不应该怀疑自己的选择。不是吗？我就应该写、写、写，并且不停地给自己重申这一点，直到它融入血液，成为习惯。优秀是一种习惯。一个作家，难道不应该写吗？

这么松松垮垮的文字，谁还不会写呢？是的，谁都能写这样的文字，可并没有几个人写。为什么？因为这样的文字没有几个人看得上，于是他们索性不写。很多人觉得没有价值也就不写了。现在没有多少人坚持写日记。我这样的文字甚至还不如日记，那就更没什么人坚持写了。

但正如我昨天说的，坚持写本身比写出来的文字更有价值。我是在训练，一方面训练自己的写作，另一方面训练自己的坚韧。再说，我不是看过一些写作指导和建议吗？它们都告诫我要能够忍受自己写得非常糟糕。

而且，我在明知道写作不能赚钱，对别人也没什么帮助的情况下，还能坚持写作，不正证明我真的喜欢写作吗？不正证明写作是我的热爱吗？

如果在缺少外在的正面反馈，甚至都没有内在的正面反馈时，我还坚持做一件事，那我就知道我是谁了。如果我一直坚持写作，那我肯定就是一个作家。如果必须得到他人承认才算得上是作家的话，那我就说自己是一个写作者，是一个文字人。因为我不写就痛苦，就感觉自己面目全非。

作家王安忆说："近年来，写作变得日常化起来。不像往年，猛写一阵，再猛歇一阵，而是天长时久，天天都写。猛写一阵是写不动了，自己觉得每日的能量都有限，汲取完了，再硬要汲取，上来的便只有泥沙。到了第二日，淘干的井里，就又涌出了新水，又够写一段的。猛歇一阵呢，也不行了，觉得这一阵无聊、空虚、无所事事，还是想写。"

是的，不写的话，我也会"无聊、空虚、无所事事，还是想写"。既然如此，我必须成为一个写作者，必须成为一个文字人。"你必须成为你自己。"

PART 3

11月：笃定

可以不跑步，但不能不写作

----> 2022.11.1

很显然，我遇到了写作瓶颈。今早5:00的闹钟响后，我没有那么大的动力起床。我把闹钟一关，打算继续睡觉。因为我想："起来干什么呢？反正也写不出读书笔记。"

如此看来，"早上写1000字的读书笔记"这个目标，并没有那么吸引我，反而让我望而生畏，使我不愿意早起写作。这无疑是一件糟糕的事，继续下去，会形成恶性循环，不仅有可能导致我不再写作，甚至有可能让我不再早睡早起、不再跑步……原有的规律生活就此被打乱。几分钟后，小哈剧烈地咳嗽了一番，我起床给他盖被子。既然已经起来了，我就没有再躺下。我对自己说，既然写不出读书笔记，那就写写别的。

写写别的，这是阿西莫夫的建议。我觉得这是个好方法。摘抄式写作不行，那就换成倾泻式写作。这并不意味着我放弃写读书笔记，只是暂停而已。说不定写着写着，我又继续写读书笔记了。

我觉得自己又绕回来了：还是应该把写作当爱好，像跑步一样。这是一个让自己身心愉悦的爱好。跑步让自己的身体健康，写作让自己的情绪健康。这不是很好吗？为什么非要把写作当职业，当赚钱的手段？这是一个不断纠结的过程，这段时间想把写作当事业，过段时间又觉得只能当爱好。

若写作只是爱好，那为什么要早起写作？可以想什么时候写就什么时候写呀。不！对我来说早起写作是我一定要养成的习惯。为什么？首先，如果我要早起写作，那么我就必须早睡。早睡早起是一个好的作息，对身体是好的。其次，早起写作是保证我持续写作的手段之一。

目前我可以在白天写作，但我并不能保证以后也能在白天写。通常情况下，早上5:00是我可以自由支配的时间。在新的一天开始之际，我通过写作来整理思绪、整理情绪，用写作来点亮自己……这就是我想持续写作的原因。通过写作给自己加油充电，让自己充满正能量，可以面对一天的挑战。

我很高兴今天能够早起，并开始这样的写作。

这样的写作，让我很开心。

对于我写出的文字是否有价值这个问题，不同的人有不同的答案。我觉得《香草山传奇》写得好，有价值，但就是有更多的人看《日进3万3》（这本书我在自我简介里很少提及）。

我想我可以测试一下这些文字的价值，就通过出售文字的形式。"我怎么觉得"不重要，重要的是别人觉得我的文字值得，他就会为此付费。我之前看过这样的话："只要你敢卖就有人敢买，只要你敢写就有人敢看，只要你敢讲就有人敢听。"我又想起纳瓦尔的鼓励，他说要给自己定一个很高的时薪、年薪。

既然如此，我如何给自己的文字定价？这个问题想要获得答案不难，因为可以不断测试优化。若用"小报童"这个应用写专栏，定价每个月都可以改一次。既然如此，我何不试一试？写到这里，我可真是开心。我确实应该这么干。不要对自己及自己的文字过于妄自菲薄。是骡子是马，先拉出来遛一遛。

其实内容重要，形式也重要。我每天能够坚持写6000字，仅仅这件事，对有些人可能就有价值。再者，6000字很多，说不定其中就有一言半语触动别人，给别人启发。

那要不要在"小报童"上开设日更专栏值得考虑。我可以更新一段时间，先不宣传，看看更新专栏的感受如何，要额外花多长时间，是不是有什么额外收获……先尝试一下，尝试之后不喜欢，做不下去，那就不做。

从这件事可以看出，写作和跑步有不同之处，跑步并不会让我这么纠结。我跑步会广而告之吗？会天天发朋友圈吗？并不会。我想，这是因为我对写作比对跑步有更高的期望。这让我想起《动物庄园》里的一句名言："所有动物生而平等，但有些动物比其他动物更平等。"

套用一句就是：有些爱好比其他爱好"更平等"。跑步和写作都是我的爱好，但我可以不跑步，却不能不写作。

底线思维到底有多重要?

---->2022.11.2

我现在感到很快乐。奇妙的是，我恰巧看到一句话：“你快乐，别人就会帮你。”出自清华大学管理学院教授宁向东的同名文章。

宁教授说：“开心的人，跟着你的人也开心；认真的人，帮你的人也会认真；心里有未来的人，跟随者的心里也会觉得有未来。”现在，我是开心的人，是认真的人，是心里有未来的人。

我为什么感到快乐？首先是因为昨天我在“小报童”上发表了第一篇专栏，在11月的第一天。我在昨天写的6000字的基础上，修改出这篇专栏文章。昨天的6000字，我写得很快，用了2小时多一点。写得快是我快乐的来源之一。

修改的过程也让我快乐。这是我没有想到的。在此之前，我只有在修改《香草山传奇》这类儿童故事时，才体验过这种快乐。在修改故事时，我会念出声，念给孩子们听，再改。昨天修改文章也大致花了2小时，我并不觉得是浪费时间，反而是一种享受。

还有一份快乐是阅读带给我的。我跑步时想到一本绘本——《失落的一角》。回家后我把绘本拿出来又读了一遍：有一个圆缺了一角，它为此不快乐。它动身去找那失落的一角，历尽千辛万苦，风吹雨打，翻山过海，不断寻找，找到各种各样的角，都不适合自己。最终它找到与自己最合适的角，才组成了一个完整的圆。

我想，人生何尝不是不断寻找、不断尝试的过程。到现在，我找到了写作、阅读、跑步……觉得挺适合自己。找到之后，安排这三者在生活中的比重也是一个不断优化的过程。我采用早起写作法，这是时间安排上的一个优化，但我相信绝不会止步于此，还有优化的空间，也有需要调整的时候。例如，在小哈、小哼放假期间，我要重新安排时间。

一个人不能期望一下子就找到合适的伴侣、合适的工作，找到自己的人生使命、兴趣爱好，人总是在不断寻找中，在不断折腾中，在磕磕碰碰中，“恰好”碰上、遇见。

不能因为有磕碰，会受伤，会头破血流、鼻青脸肿，就躲起来不出去，就躺平。每个人都有无法躺平的理由，很多人是因为要养家糊口，也有人是因为有一颗无法忍受平庸的心……这些理由迫使我们去折腾。我们有时会怨恨这些理由，但回过头来又会心存感激。

《失落的一角》所讲的故事不止于此：它组成一个完整的圆后，发现自己再也无法唱歌。原来那缺失的一角相当于它的嘴巴。现在嘴巴被找到的一角塞满了，没法说话、唱歌。它组成一个完整的圆后，也走得更快了，没办法慢下来欣赏路边的风景，没办法像原来一样和小虫子悠闲地聊聊天……真是一个意味深长的故事。

昨天读的《悲惨世界》也给了我很大启发，尤其是马吕斯思想转变的那一部分。马吕斯自幼随外祖父生活，他的外祖父是一个保王派，而他父亲是革命派，是拿破仑手下的一名高级将领。受外祖父的影响，马吕斯对他的父亲非常冷漠，甚至达到了憎恨的程度。

当父亲在外地去世时，马吕斯也表现得非常冷漠。没想到在一次偶遇中，一位神父告诉他，他父亲非常爱他。之后，马吕斯拼命学习、了解，逐渐发现父亲是值得敬佩的，父亲所追随的拿破仑也是值得崇拜的。

如此，他和他外祖父在思想上就有了巨大冲突。在一次争吵中，外祖父让他“滚”，他就走出家门，17岁的他独自生活，贫困交加。马吕斯的姑妈在外祖父的默许下，要送给他一笔钱，但他拒不接受，他情愿做苦工。经过几年的努力，在20岁那年，他的年薪有了700法郎，而满足一年最低的生活标准的花费是650法郎。

对于这段故事，人们多是看到苦难对于一个高贵人格的塑造，作家雨果发出了一番感慨："这是一种可喜而又可怕的考验，通过这种考验，意志薄弱者可以变得卑鄙无耻，意志坚强者则可转为卓越非凡。每当命运需要闹出一个坏蛋或是造就一个英雄时，它便把一个人投入这一环境，让他接受考验……坚强的、非凡的性格便是这样造就出来的。苦难，是虐待人的后妈，但有时它却可以成为慈母。困乏是孕育坚强灵魂和强健精神的源泉，困境是培育傲骨的奶娘，不幸是培育豪杰的乳汁。"

而我看到的是另一个角度：成熟了的马吕斯，不仅不接受外祖父给的钱，甚至拒绝了一份年薪1500法郎的工作，他认为这份工作会占用他很多时间，使他不得自由。马吕斯的经历让我想到当下的我。我觉得我的选择和他很像，为了尊严和自由，我不强求太高的收入，只要满足一般的生活标准即可。

前几天，我看到魏智渊老师的文章《底线思维，对幸福生活到底有多重要？》和《工作的乐趣》。他说他自己"如果维持生存所必须的，（每个月）可能四五百元就够了；要稍微有点尊严，大概就需要两三千元。如果算上房租，再把这部分加进去，合起来，5000元足够了。""当我们控制了欲望，同时清空了心灵，节约了时间，甚至也节约了金钱，就可以更为随心所欲地做自己想做的事。例如，在自己热爱的事情上浪费时间和金钱。这就是一种底线思维。"

"我觉得可以参考不同城市的最低工资标准，你当然也可以在那个基础上再增加一些。无论如何，当你的收入超过了生存线，就要淡化收入在你思考或做出决策时的权重。一句话，更多地为乐趣而活，而不是为收入而活。”

马吕斯生活在19世纪初的法国，魏老师在中国三四线城市，而我在北京，我们都有底线思维，愿意把更多的时间“浪费”在美好的事情上。

做什么会让你更喜欢自己？

----> 2022.11.3

“真心希望你也喜欢自己。”这是我昨天看到的一句话。一直以来，我不是很喜欢自己，常常会进行自我攻击，从而增加内耗，产生内在的战争，会自卑，会觉得自己有这样那样的缺点……

现如今，我慢慢学着喜欢自己，爱自己，关怀自己。我不是通过思考，而是通过行动，通过做点什么的方式来喜欢上自己。当我写作、跑步、阅读，也就是做我喜欢并且对我有益的事情时，我就会喜欢自己。

恰好我昨天看到作家严歌苓的一句话：“写作让我更喜欢自己。”严歌苓说她是一个不怎么自信的人，在30岁时她到美国学习职业写作，但她视当时的自己为一名失败者，“于婚姻（刚离婚）、于写作、于恋爱，都是最不得要领的时候”，人在这样的时候，往往把自己看得很低。

她读作家们的传记，发现文学泰斗们的共同特点是他们都有铁一样的意志、军人般的自我纪律，他们对待自己每日的艺术创造，就像对待一件宗教功课——只求心灵的付出，不求肉体的获得。她把这些人称之为“男超人”“女超人”。

后来，她自己也成了这样的“超人”，每天雷打不动地写作。她说：“我就对自己说，我今天干了四个小时的活儿，我应该有个理由来喜欢自己，这就是我为什么天天坚持喜欢、喜欢写作。我写作是让我更喜欢自己，我觉得我不写作的状态是不可爱的。”

写作对于我也是如此，它让我更喜欢自己。我现在也是一天写4～5小时（包括修改的时间）。我觉得修改也是写作的一部分。诗人韩东说，修改才是写作之道。

跑步、阅读、对别人好……做这些都让我更喜欢自己。但最让我喜欢自己的还是写作，为什么是写作呢？是因为我把写作当工作吗？就像严歌苓说的“我今天干了四个小时的活儿，我应该有个理由来喜欢自己”。

确实，我有时会把写作当工作来对待。可前几天我还说，应该把写作当爱好。其实，这两者并不矛盾，不管是把写作当工作，还是当爱好，我的目的都是督促自己继续写作。不管写得好或不好，我都应该继续写作。

乔·邓索恩说：“有人问我作家的瓶颈期。作家的瓶颈期大致来说是不存在的。那是对于你正在写的东西写得如此之差，你都不打算写完的一种表达方式。因此，这不在于瓶颈，而在于不愿意去坚持写完质量实在糟糕的内容。我感觉，你应该写完，因为这是写作不可或缺的一部分。就算你挖金子，也会筛掉许多垃圾。”

一个人只要写作，不管是把写作当爱好，还是把写作当工作，他都应该“坚持写完质量实在糟糕的内容”，“因为这是写作不可或缺的一部分”。如果他不打算成为作家，那就当写日记，日记本来就不用发表。如果他想着发表，那以后再把写得糟糕的内容删除便是，而不是只想写好的内容，不写糟糕的内容。

我们会看到一些金句，这不是说有些人专门从事金句的创作，别的东西他都不写。根本不是这样的。这些金句，都出自作品，如一首诗，一个电影，一本小说。一个作家如果不写一个完整的作品，也就写不出后来脍炙人口的金句、精彩段落。

我看过一些视频：在缅甸的一些玉石矿区，有成千上万的“捡玉人”，当他们看到卡车将废弃的矿石土往山坡下倒时，会立即冲下去“捡漏”，希望能够捡到残余的“宝贝”。

我对写作的期待，也可以用“捡漏”来形容，只要能从大量文字中拣出一两句金句，我就非常开心了。严歌苓的要求比我严格些，她说：“写作已经成为我的一种生理需要，哪一天没有几句神来之笔，我就睡不好。”为此她每天要写四五个小时。在这么长的时间里，她不是在那里冥思苦想，只想着写那几句“神来之笔”。不是的，她写着写着，“神来之笔”就出现了。

不仅写作，跑步也让我更喜欢自己。我对著名作家李敬泽的一段话很有共鸣，他说："当我跑步的时候，我会觉得自己挺自律，自己做得挺好。今天我跑了，自我评价一下就高起来。一天不跑还行，如果两三天都没跑，我就会有自我怀疑，觉得自己怎么这样，整个感觉就不是很好。"

我今天跑7000米只用了36分钟，比平时要快两三分钟，这应该是我最好的成绩了。一开始，我用往日的速度跑，跑了两圈后，便加快了速度。

这时，有些沿着同一方向散步的老人，感觉到我从后面跑过来，纷纷给我让路。这是因为，如果我跑得比别人快，别人能听到我的气喘声、脚步声、衣物摩擦声，从而给我让路。我就想到一句话："全世界会为你让路。"这不是说那条路是我的，只是因为在那条路上我比别人快。

属于自己的避难所

----> 2022.11.4

现在是凌晨2:50。我睡不着，干脆起来写作。

当睡不着、烦躁时，可以起来写作。我之前有过在地铁上写作、坐在路边凳子上写作的经历，也有在情绪不佳、想太多、想不清楚时写作的经历。毛姆说：阅读是一座随身携带的避难所。对我来说，写作是我随时随地的避难所。

冯骥才先生在《无书的日子》一文里说："写书比读书幸福得多了。读书是欣赏别人，写书是挖掘自己；读书是接受别人的沐浴，写作是一种自我净化……写书是多么令人迷醉的事情啊！每当旅行在外，手边无书，我就找几块纸铺展在桌。哪怕一连下上它半个月的雨，我照旧充满活力、眼光发亮、有声有色地待在屋中。我可不是拿写书当作一种消遣。我在做上帝做过的事：创造生命。"

这也让我想起《自闭历程》这部电影，它根据自幼患有自闭症的美国动物科学家、畜牧学博士天宝·葛兰汀的自传改编而成。天宝在4岁时被诊断为自闭症，高中毕业后的暑假，她去姨妈家的农场度假。自此，天宝对牲畜产生了浓厚的兴趣。

更为重要的是，她在姨妈家的农场里发现了一个能让自己平静下来的装置。这本来是一个让牛安静下来的装置，她把它称为“挤压器”。在大学里，天宝自制了一个挤压器来平复自己的紧张情绪。每当焦虑不安时，她就钻进放在宿舍的挤压器里。

可她的室友受不了这个丑陋、庞大的东西，就向学校反映。于是，学校保安把挤压器扔到垃圾堆里。半夜，天宝把挤压器捡回来，没想到，又被学校保安发现，挤压器被保安踩得稀巴烂。

没有挤压器，天宝简直活不下去。幸好她的姨妈理解她，让她在自己的农场里做了一个更好、更漂亮的挤压器。姨妈开车把挤压器运到学校宿舍，并找到学校领导，试图说服他们。但学校领导不相信挤压器能够安抚人。天宝为了证明这一点，邀请很多人做实验。实验证明，挤压器对一些人是有镇定作用的。学校领导勉强同意了在天宝的室友同意的情况下，天宝可以放置挤压器。

但她的室友不同意，学校只好安排了另一个室友，是一个盲人女孩。这个盲人女孩完全不介意宿舍里放一个巨大的机器。她们两个人也成为很好的朋友。天宝在挤压器的陪伴下，顺利地完成了大学的学业。

阅读是毛姆的避难所，写作是我的避难所，天宝也有她的避难所，就是她自制的挤压器。每个人都应该有自己的避难所。我给小哈、小哼讲过一本绘本——《阿文的小毯子》。对小老鼠阿文来说，小毯子就是它的避难所。

阅读、写作、跑步、自制挤压器、小毯子……都可以成为避难所，这因人而异。一方面，我们要像天宝一样，竭尽全力保护自己的避难所。正如我要保护我的写作，不能让任何力量中断我的写作。

另一方面，我们也不能只待在避难所里。在《自闭历程》中，天宝的妈妈没有因为她自闭就把她关起来，而是努力让她融入社会，与人接触。很多时候，我也应该多与人接触。

昨天有两个弟兄分别找到我，一个是“青橄榄”的以勒弟兄，他邀请我去直播，我很高兴我们的谈话给了他一些启发；另一个是邀请我到“早起奇迹训练营”分享的朱应涛弟兄。他们之所以找我，都是因为看到了上周我去晨光书店做的视频直播。

昨天下午，邀请我去晨光书店做直播的文翠姊妹告诉我有人想请我做“早起奇迹训练营”分享，并将微信号推送给了我。这个人就是朱应涛弟兄。加了微信后，朱应涛弟兄说：“我想邀请你11月中旬或下旬在一个早起营社群做一次分享。分享时间大约1小时，与生命成长、使命、写作相关的主题都行。分享形式是在微信群里语音……嘉宾分享费用由你来定。”我对主题很感兴趣，当然，分享费用也很吸引我。我们确定在今年的感恩节，也就是11月24日分享。

看来，我还是应该多露露脸，这样机会就更多一些。这也让我知道，在有些人眼里，我的分享是有价值的。这就是为什么人要多与人接触，如果只是一个人，在行进的过程中，很有可能遇到困难而停滞不前，甚至跌落谷底。之前我有过多次这样的经历。而一群同频的人在一起，就能互相帮助、提醒、提携。

在《人如何改变》这本书中，作者特别强调生命共同体的支持。这本书的第五章为“改变需要群体的生活”，其中提道：“生命更新与改变最基本、最佳的环境，是在一个群体中。”

我很认同这个观点，正如我在“好邻居爱跑步”微信群里，并没有人教我怎么跑步，也没有人要我打卡或提别的要求。我很自由，想说话就说两句，最多是给别人点点赞，别人也给我点点赞，但这些就足够了。我在这个微信群里就受到很多激励，可以更好地坚持跑步。

我越发认识到要把自己展示出去。去晨光书店直播这件小事，就让两个弟兄来找我，机会接踵而至，一个个全新的世界好像正在向我打开大门。

此时，我越写越高兴，昨晚到现在几乎没睡。心情本来是有点糟糕的，但写到这里，已经好多了。我发现自己有这么多可以展示出去的地方：跑步、写作、讲故事、好婚姻……真是有一手的好牌，可千万别打烂了。

写了这么多，我有点明白我为什么睡不着了。路遥说：“生活像流水一般，有时是那么平展，有时又是那么曲折。”这两天，我的生活流水汹涌而来，让我应接不暇。现在，我通过写作，理顺了，生活就“流得”更加通畅。

一见钟情vs爱情长跑

----> 2022.11.5

我想我的写作越来越有章法了，我越来越知道怎么写作了。我现在有意识地根据一个个想法去写，这样文字就会围绕一个主题展开，不会东拉西扯，不会写成流水账。

写作，最好能有灵感，其次要有想法。如果既没有灵感，也没有想法（有时候想法就是灵感），那也不能空等，还是要继续写，要坐在桌前，把当时脑子里出现的一个个字、一句句话写下来。作家余华说：“总是有人问我怎样才能成为作家，我说首先要让你的屁股和椅子建立起友谊来，你要坐下来，能够长时间坐在那里。我的这个友谊费了很大劲才建立起来。”

坐下来写，哪怕是废话，也要写。写着写着，就有想法了，思路会越来越清晰，有可能就会有灵感，甚至是神来之笔。

杰克·伦敦说：“不要闲着等待灵感降临，而是拿一根棍棒去追赶灵感，就算没追上，你依然能得到某些与之非常相似的东西。给自己设一个‘定额’，保证自己每天都完成这点‘定额’，等到一年结束时，你将获得更多的文字。”

除了每天完成“定额”的6000字，我不知道“灵感”会怎么来。灵感可遇不可求。但想法是每天都会有的，有些想法还挺有价值，值得记录并进一步思考（写作）。通常我会在跑步时产生几个比较有价值的想法，我就用语音记录在微信上。

今天跑步时，我不知不觉就开始思考要在“早起奇迹训练营”分享的内容——

一个人的工作（职业）有可能是生计，也有可能是使命；一个人喜欢做的事，有可能是爱好，也有可能是上瘾的事。爱好与使命，都会给人很好的体验，让人充满能量，充满激情。使命在开始时表现为爱好。理想的状况是，一个人的工作（职业）既是他的使命，又是他生计的来源。也就是说，做自己喜欢的事并能养家糊口。

活下去非常重要，这是基础。皮之不存毛将焉附？以我自己为例，其实在上大三大四的时候，我就希望依靠写作为生。但我也很清楚地认识到，那时我靠写作养不活自己。于是就先去找了能养家糊口的工作。现在，15年过去了。我终于可以花更多时间写作了。

这不是说我财富自由了。我所说的“活下去”符合我的“底线思维”，“有吃有喝就当知足。”你要好好问一下自己：你和你的家人所能接受的最低配的生活，需要多少钱维持？

这15年我不觉得是浪费时间，因为除了养家糊口，更重要的是让我确认了写作是不是我最喜欢的事，是不是我的人生大事。要知道，我们在辛苦养家糊口的时候，还一直做着不怎么赚钱的事，那就说明这件事能够给我们带来满足喜乐，带来放松（上瘾不会带来这些），不然我们不可能长期做。而这件事往往会发展成我们的使命，成为我们的人生大事。

想找到自己的使命，我们可以问自己两个问题：一是在长期的压力、痛苦下，我们坚持做的事是什么；二是在我们坚持做的这些事中，有没有对别人是有帮助的。

使命的发现也分为两种情形：一是内心立刻有反馈，能够确信“这就是我的使命”“这就是我要找的配偶”“这就是我的真命天子”，就像有心灵感应一样。二是不能一下子就确信，而是需要一个过程，有些爱好可能会转变成使命，你要看着它从小到大。

当初我见到哼妈，就是莫名其妙地一见钟情。我莫名其妙有信心：她就是我要找的那一位。我们是闪婚，没有太多磨合，也没有太多试探。我们没有经历爱情长跑，虽然对大多数人来说，爱情长跑是有必要的。

我所爱的事是什么？我不能一下子就给出确定答案。我所爱的人是谁？我一下子就确信了是哼妈。我寻找所爱的事的过程，是一个长跑的过程，是一个不断尝试的过程。这个过程我用了15年的时间……

在这里，我想谈谈我的老师干国祥，他就是一个有使命感的人。他忠于自己的信仰，践行自己的使命，并且有美好的作品惠及很多人。他的作品，就是教育。

在我心中，另一个具有使命感的人是李善友教授。

2006年，李善友教授创办了中国第一视频分享网站——酷6网。后来他经历了巨大的失败，有两三年时间都在低谷中。他在担任“中欧创业营”的班主任的时候，无意中讲了一堂“小米大战360”的课，很受欢迎。从那时开始，他慢慢以课程入道并且逐渐走出低谷。

他说，一个人的使命，所做的事，首先是为了自己，自己能从这件事中得到慰藉、救赎，然后才是帮助别人。

我发现，李善友教授和干国祥老师有相似之处。他们做的事情都得了到良好的反馈。李善友教授的第一堂课，他自己说讲得不好，但当时很多人反馈很好。

干国祥老师说：“我那时没有想过天命问题，而只是被一件最新发现的快乐之事（教育教学）所吸引，连续几年孜孜不倦地投身其间。和以往孤独地在音乐、书籍、诗歌、哲学中品尝寂寞的乐趣所不同的是，这一新的快乐会获得社会的回馈，获得他人的回应。所以，它得到了强化，获得了坚持下去的力量。”

爱一人，择一事，终一生

---->2022.11.6

现在是2022年11月6日，星期日，凌晨1:00。

此时此刻，我终于确认了我一生的使命，那就是写作。从此以后，无论健康疾病、富有贫穷、顺境逆境，我都愿意写作，直到永远。我想起2009年的圣诞节，我和哼妈在重庆的一个小书店举行婚礼，主婚人问我们是否愿意，无论在什么情况下，都爱对方直到生命的尽头。我们分别说：我愿意。

此时恰如彼时，我愿意一辈子与写作相伴。昨晚我问哼妈是否支持我写作，无论健康疾病、富有贫穷、顺境逆境。她说，只要你说“I do”，我就说“I do”。我说，“I do”。

如果哼妈不支持我写作，我还会写作吗？我想我还是会的。只是如果得不到最在乎之人的支持、祝福，我多少会有遗憾。

如今，我虽然还是担心不能以写作为生，但从此以后，无论健康疾病、富有贫穷、顺境逆境，我都要写。如果不能靠写作谋生，那就去做能谋生的事，但不会停止写作。正如我对哼妈，光有爱不能养家糊口，但我可以去做能养家糊口的事。

这么多年过去了，我越来越认识到：我爱哼妈，也爱写作。和哼妈在一起让我感到幸福，写作也让我感到幸福。

今天，我终于敲定了我的人生大事。这件大事关乎使命、天命、呼召，是我的激情、梦想、天赋、热爱所在……我今天终于可以笃定地说：从此以后，我要做的事情就是写作。从我2006年参加工作算起，我花了十五六年的时间，才找我的使命，才确认我的使命。

相比而言，我找到我的终身伴侣是如此顺利。2009年，我和哼妈在这一年知道了彼此的存在；2月，我们成为同事；5月，我们成为恋人；10月，我们领取结婚证成为夫妻。这么多年来，我们的婚姻生活还算和睦幸福。

爱一人，择一事，终一生。我在选择所爱的人时，是那么有信心，我可以笃定地说：无论健康疾病，无论富有贫穷，无论顺境逆境，我愿意爱她，直到永远。

在选择所爱的事上，我却犹犹豫豫、反反复复，充满了各种曲折，各种心酸痛苦，到今天我终于可以说：无论健康疾病，无论富有贫穷，无论顺境逆境，我愿意写作，直到永远。

我想，是时候写一本关于兴趣爱好、事业、工作、使命的书了。我已经迫不及待想写这一主题了。对此，我能写的内容何其多！毕竟，我有十五六年寻找使命的经历。在终于确定的这一刻，我的喜悦不言而喻。这种幸福程度不亚于当年我找到哼妈。

我想分享一些我在寻找使命的路途中所做的事。2014年，我写过一本《日进3万3：微店这样开才赚钱》，是当年的畅销书。

2015年，我编写了《史上最接地气的幼儿书单》，向0~7岁孩子的家长们，推荐了101本有趣又有益的经典绘本。

2017年，我和哼妈合著了《好婚姻，就是一次又一次爱上对方》，我们把我们在婚姻上的成功经验梳理出来，分享给读者。

2020年，我写了长篇童话故事《香草山传奇》，同年还写了绘本故事《我的啵啵游乐园》。在我给孩子们讲过很多别人写的故事后，我自己也写了起来。

在寻找使命的途中，我还经营过公众号，推荐过绘本，给孩子们讲故事、写故事。尝试多并不是找到使命的充分必要条件，幸运的是，我最终找到了。是的，我成功了，找到使命对我来说就意味着成功。

创办大V店也是我的尝试之一，不过我并不觉得创办大V店是我的成功，虽然它融到很多钱，有很多的用户，高峰时公司有三四百个同事。8年多过去了，即使遇到很多困难，但大V店还活着。我认为大V店是成功的，但主要不是我的成功，而是我的高中同学、CEO吴方华的成功，我只是创始人，如此我不能说大

V店是我的使命，即便它在我的生活中占据了重要的位置。

在我寻找、确认使命的路上，遍布着艰辛，我遇到了很多坎坷，可以说我经历了“九九八十一难”。我想，若是将这段心路历程好好梳理一下，是能够对别人有所帮助的，也可以让自己更加沉浸在找到使命的快乐中。

写出幸福vs写出作品

---→ 2022.11.7

昨天我确认了自己的使命，一激动就通过微信联系了三川玲老师，因为她有一个正要开讲的课——“以写作入道：如何持续创造作品，探寻人生使命？”非常契合我现在的所思所想。我说我想拜访她，向她请教一些关于写作的问题。于是今天下午我和三川玲老师聊了两个小时，下面摘录聊天的一个片段。

我：我陆陆续续写作，但都没有全身心去写，不管我在新教育还是在《新校长》杂志社，以及在创办大V店时，都没有把写作当作我最重要的事情。

2021年5—6月，我做过两个月的直播带货，做不下去，2022年又做了两三个月的直播带货，也非常苦闷。

加之我不太擅长公司管理，所以在公司没有太多事情可以做，整个人显得失魂落魄的。前两天听李善友教授讲课，他说他从酷6网离开的时候，有两三年不知道做什么，仿佛掉进一个深渊里。我也有这么一段经历，为了逃离这种状态，我就想试一下写作。我下决心要每天都写。我发现自己从写作中获得了很大的愉悦，我写得很开心。之所以来找您，是希望我能写得更好，能够坚持写下去。

之前，我有一段时间就写不下去了，那是在写完《香草山传奇》后1年多的时间里。这个童话我是在2019年写的，写作的时候有高峰体验，那时觉得灵感是自然而然流淌出来的，不是我写出来的，如果说有一些瑕疵的话，那是我的手“不干净”。

三川玲：这应该是心流状态。

我：对，但后来我就没有这种状态了，我很期待灵感再次降临，但是它一直不来，我非常焦虑。我觉得没有灵感时写的文字没意思、没价值，就干脆不写了。

三川玲：写作有两个功能，一个是你刚刚说的创作性写作，写一个作品。如有些专家、行家把成果写出来。总的来说，写作的这个功能是很普遍的，以能否出版作为衡量标准。写作的另一个功能是修身，人可以“写出幸福”。写作是促进自我成长的很好的方式，也是最方便的工具。例如，孩子们写作，获得高分，这也是另一种形式的“出版”，并且除了练习精准表达的技能，写作对孩子们的成长也是非常有帮助的。

我们做了个实验，找了很多大人和孩子（大约5000人）一起写作，天天写，持续400多天了。我问所有参与者一个问题：你们觉得幸福能不能通过写作写出来？他们说可以。在我看来，写作不仅仅为作家、为专家服务，作家、专家通过写作出作品、出成果，写作还能给普通人带去幸福。

我：是的。我最近这段时间也算是进行了写作实验。我之前有一段时间不写作，后来就很痛苦，一开始还不知道为什么会痛苦。慢慢发现，是因为不写作让我很痛苦。在任溶溶老先生去世的那一天，我觉得我还是要写起来，从那天开始就一直写、每天写。过去是写写停停，这一次我就不一样了，我每天都早起写作，每天坚持写6000字，真的体验到很幸福。

三川玲：写作有疗愈作用，这是被学术研究证明了的，而且写作很经济。写作有重新构建人格的作用，这很明显。

我：我现在慢慢产生了写作意识，例如，难过的时候，我会去写作，失眠的时候，我也会去写作。我经常会想得太多，想得太多就容易情绪低落，现在我有时候会提醒自己——别想了，去写一写。

三川玲：写出来跟不写出来不一样。不写出来，人的大脑是会反刍的，就像牛重新吃一遍，它会反刍。但是你写出来后，大脑就会放下，会如释重负，哪怕只是写出来，不给谁看。

我：是的，我不给别人看。所以我很认同“写出幸福”这个观点。我坚定了要写作的决心，是因为写作最起码能够让我变得幸福，让我变得开心，让我充满正能量。我在过去一段时间很低迷。这样的状态，即使在公司里不向别人表达出来，也对别人有不好的影响。不管是用跑步还是其他方式，只要让自己开心起来，就是一件好事情，对别人就有正面影响。

我发现写作这件事情最容易让我充满能量，最容易让我感到幸福，就好像给车加油、充电一样，效果是立竿见影的，并且真的像您刚才说的那样，写作是特别经济、方便的方式。例如，我是坐地铁来这里的，在地铁上我就可以打开电脑写作。

我确实能从写作中获得幸福，其他人也有自己的方式，有的人通过跑步获得幸福，有的人通过玩斗地主获得幸福……每个人获得幸福的途径或方法不一样。例如，我一玩斗地主就会上瘾，上瘾后内心会有负罪感，那这个方式就不适合我。我适合写作。我相信这个世界上一定有那么一部分人和我一样，是可以通过写作获得幸福的。

我写作时大多是想到什么就写什么。这种写作方法实施起来很容易，适合觉得自己不会写作的人。也就是说，想“写出幸福”，是比较容易做到的，但要写出好文章、好作品，写出影响力，能赚钱，挺难的。除了写出幸福，我也希望自己写得好，写出作品。所以我来向您请教，什么样的作品是好的，就像李善友教授说的“美好作品”一样。他说，创造出美好作品，对内成就自己获得幸福，对外共建美好世界。

三川玲：我突然理解你说的是什么了，特别好。你觉得，写到一定程度，就应当可以写出美好作品，是吧？这就回到编辑出版这个目的了，你写作品就是要出版。出版的标准其实是不变的，必须对别人、对读者有价值才能被出版。

我觉得价值分两部分：一部分是文字领域的创造性价值，一部分是你这个人对于人类的价值。写一个童话，我认为是文字领域的价值；我写一本教写作的书，这个就不是文字领域的价值了，而是教育领域的价值。出版就分这两类。各种职业的人都可以"写出幸福"，但不是都能写出童话。他们可以出各种形式的"美好作品"，而不只是文字，不只是书。

作为一个专业编辑，我认为作者最重要的是要定位——你要写什么东西。就是你自己想写哪一类型的作品，是真的特想写的。确定之后，我有相对应的书可以给你参考，但我觉得你不需要我做辅导。

我：我确实是来请教的。现在看来，写童话很有可能只是我的一个欲望，并不是我真正很想要的，我想找到我真正想写的。

三川玲：最符合你的思维方式和写作习惯的，是不是像松浦弥太郎写的那种？如他的《幸福的100个基本》。我觉得你有很明显的思考性，如果你每天写你的思考，那么写满100个就可以出一本书了。你有一个很明显的特征，你关注精神世界，关注人的成长。

如果你每天写的都是你给我看过的那种文章，我觉得你可以写一些侧重思想性的文字，不强调实用性，你身上具有这样一种气质，有思想性。当然，你本身有很务实一面，我觉得写具有实用性的作品对你来说也很容易，最好的一种方法就是结合你的事业，结合你正在做的事来写。这两个方向都是你可以写的，而且是具有出版价值的。

我：谢谢，谢谢！结合自己的工作、生活经历来写，还有就是写比较符合我的气质、有点思想性的东西，是吧？

三川玲：你秒懂。我觉得你的写作会在这两个方向上获得成功。

单点击穿：一针捅破天

----> 2022.11.8

前些日子看到一个短视频，是杨澜采访白先勇。

杨澜："白先生，您觉得您一生当中做的最有勇气的事情是什么？"

白先勇："最有勇气的就是写作。"

杨澜："写作需要勇气吗？"

白先勇："因为我觉得写作完全是你自己一个人，最孤独的一种命运，一条轨迹，你走下去的时候，没有人能够帮助你，你也不知道自己的成败，也不知道这前面有多少的险状。而且写就要写你最内心的、最真诚的一些话，把人类的感情写出来，这都是需要勇气的。"

这段访谈让我心有戚戚。从某种意义上说，我是害怕写作的。倒不是说我不喜欢写作，而是像白先勇一样"不知道自己的成败"。白先勇并没有说怎么面对恐惧，但他的这段话还是让我很受慰藉。对他来说写作尚且需要最大的勇气，那么我也不必因此感到难以言说。

“怎么拥有写作的勇气？”我通过网络搜索这个问题的答案，看到一本书叫《写作的勇气》，它的作者古贺史健写过《被讨厌的勇气》和《幸福的勇气》。于是，我买回了这本书。可惜，这本书并没有讨论“写作的勇气”，而是讨论怎么成为一名“writer”（写作者）。

古贺史健所定义的写作者是“空壳一般的存在，天才物理学家的知识、美国总统的经验、莎士比亚的灵感——这些他都没有，可以说是空空如也。也正因此，写作者需要取材……空壳的写作者在本质上是一个‘取材者’，唯有通过取材才能产生有价值的东西”。

“照这么说，写作者到底在写什么呢？如果小说家写小说，诗人写诗，散文家写散文，那么写作者写的是什么呢？写作者的工作就是把他们所调查或取材的内容原原本本地记录下来吗？绝非如此。在我看来，他们写的是‘回应’……他们就像是在写一封‘感谢信’，感谢所有填补自身空壳的人或事物……写作者即是‘取材者’，而对于‘取材者’来说，他们所写的原稿即是一种‘回应’。身为写作者的我们是在创造‘作为回应的内容’。”

我不就是这样的空壳写作者吗？我不是只有取材才能写出有价值的内容吗？这不就是我之前说的“摘抄式写作”吗？对自己有了这样的认识之后，我更有信心生产有价值的内容。更不用说，我还是一个不错的访谈者。

我可以从《圣经》，从大自然，从经典书籍、电影中取材，以便写成长笔记、书评影片、观察笔记等，但我不太有信心写得好。而当我访谈一个人时，我有信心产生更好的内容，而且可以源源不断产生好的内容，因为我可以访谈不同的人。再者，访谈人，比独自看书、看电影更让我高兴，我也会更加轻松。

我是一个访谈者，一个记者，一个“助产婆”。我感觉如果我的作品是书籍，它会呈现出对话体的样子。说到访谈者的作品，我能想到的是许知远的《十三邀》和窦文涛的《锵锵三人行》《圆桌派》。他们以视频的方式呈现作品。我觉得我和我的访谈对象在摄像机面前都不会放松，我更愿意进行“秘密”访谈，以文字的方式公开内容，就好像李翔的《详谈》系列书籍。我的作品就是访谈录吗？这还需要检验。

一个人只有找到自己的那个针尖，才可能一针捅破天。这也是李善友教授说的“单点击穿。”只有把力集中在一个点上，我们才有可能击穿屏障，才有可能与另一个世界相连接。怎么找到自己的针尖？说容易也容易，说不容易也不容易。

我以前觉得是我的“针尖”是写作，但这太宽泛，如我不想写诗。我想写童话故事，但写不出来。我写目前这样的文字，又觉得不太有价值。“访谈”是我可以击穿的那个单点吗？是我可以捅破天的那个针尖吗？

我想，针尖与特长、天赋、使命、人生大事有关。其中最为大众所熟悉的，就是特长。特长和爱好不一样，虽然它们都会给人带来快乐，但一个人做擅长的事也就是特长所在之事，可以不怎么费力气就比绝大多数人要做得好。

例如，我上初中时的爱好是乒乓球，上高中、大学时的爱好是踢足球，现在的爱好是跑步。但这些都不是我的特长，只是我的爱好。

我的特长是什么？我之前以为是做文字工作，但这是一个很宽泛的领域。我写什么类型的文字会觉得毫不费力？虽然，我在写日记这样的文字时毫不费力，但我总觉得我的日记不是作品，不是别人需要的东西。一些伟大的人物有写日记的习惯，如曾国藩、胡适、蒋介石……但是，很显然，他们最重要的作品不是日记。

我想，一项能力至少要对别人有益才能被称为特长。我的什么样的文字对别人有益？我能轻而易举地写什么样的文字？我喜欢写什么样的文字？这三者重叠的地方，就是我的特长所在。

我这几天突然发现，“访谈”或许是这三者重叠之处：我喜欢访谈别人，喜欢整理访谈录，整理起来也很得心应手，访谈录对别人也有帮助。

我擅长做访谈吗？我擅长整理访谈录吗？我擅长，这我很清楚。可我并不喜欢社交，不喜欢与人寒暄。其实，我是喜欢与人进行深度沟通的，只是不喜欢寒暄。通过这样不断分析找到自己的那个“针尖”，其实还是挺难的。

如果之前有人问我喜欢做什么，我一般不会说我喜欢和别人交流。我会说，我喜欢跑步、写作、看书。实际上我之前也有意愿去做访谈。不仅如此，我也确实做过一些，并整理成了文字或做成了长视频。

在我的多个爱好中，与人交谈带给我的快乐不那么起眼。也就是说，我之前不会花很多时间去找人交谈。我甚至会刻意避免与人交谈。以后我要有意识地花更多时间在访谈这件事上，把“访谈”这根“针”磨得更“尖”。

一天的难处一天当

----> 2022.11.9

昨天我把与三川玲老师访谈的稿子整理出来了，在晚上22:30左右发给了她。

她很惊讶，说："天啊，太惶恐了。我做了一辈子编辑，第一次享受做作者的待遇。"她还发了微信朋友圈，说："哈爸突然找我，说要一辈子写作，我很惊讶。然后他真的来了，我们聊了一下午，今天他整理了一篇文章给我。我一看12291字。我见过很多号称喜欢写作的人，这是少有的真的爱写作的人之一。"

是的，我是真的很爱写作，很爱文字。昨天我在整理这篇稿子时是如此享受其中，即使过去几天我都没怎么休息好。过去两天，我基本没怎么睡，小哼还总是缠着我，让我跟她玩。就是在这样的情况下，我把3万多字的录音稿整理成12291字的文章初稿。

我累吗？当然累，也被小哼缠得有点烦。当我整理稿件时，我不觉得累，反而觉得这是一种享受。眼看着一篇稿件越来越清晰地呈现在眼前，那么多文字，通过我的修修剪剪显得规整、漂亮。我就如一个花园的园丁，用剪刀整理杂草丛生的花园，修剪后的花园焕然一新——原来是这么漂亮的一个花园呀。

我想起米开朗基罗，他用大理石雕刻大卫。他说，大卫本来就在那块大理石里面，他只不过是把大理石多余的部分剔除，就这么简单。我也是如此。我只是把录音稿中多余的部分剔除，稍微摆放一下文字的位置。做这件事时我确实感到非常轻松，毫不费力，而且享受其中。我想我有一定的天赋在这上面。

哼妈也有所察觉，我昨晚整理完，非常放松地和她坐在沙发上。她说："我感觉你在憋大招。"我说我的大招就是做访谈。我现在有点想清楚了，我平时写6000字，是为自己"写出幸福"。我做访谈，这样的文字对别人是有价值的，这是"写出作品"。

她深表认同。我说以后要去访谈干国祥老师、尹建莉老师、海蓝老师……她说很好，不过还是先把眼下的事情做好。"眼下的事"就是接受"青橄榄"的邀请，帮他们做一次直播带货。我对哼妈说我有点不想去。她很坚决地说要去要去。她的理由是：生活在这里了，你接住，后面的事情不知会有什么惊喜。

我之前觉得，帮"青橄榄"做一次直播带货，没有什么益处。但经哼妈这么一说，我就愿意去了。为什么呢？虽然直播带货本身没有什么了不起的益处，但这件事很有可能导致后续一系列有益的事情的发生。

这就好比我前些日子去晨光书店做直播。当时不想去，也觉得没什么好处，后来在哼妈的鼓励下去了。然后好事纷至沓来，如受邀到“早起奇迹训练营”做分享。我走到现在（我很满意现在的状态）与那次直播有很大关系。那次直播引发了我很多思考。

是的，要把自己的眼界打开，把自己展示出去，不要把自己关在家里，不要做一个隐士。要让自己跳到生活的河流里去。不要说选到一个好的地方再跳，先跳下水再说。生活的河流自会把我带到它想让我去的地方。如果我一直在岸上，那就是一意孤行地按照自己的意愿走。按照自己的头脑、自己的理性判断算计行走，会很辛苦。因为每走一步，都要自己用力，既要用脑力，也要用体力。

而跳进生活之河，就是猛然一跃，是信仰的一跳。这一跃一跳，好像很不理智，因为眼前看不到什么好处。但生活之河自会把我带走。我要相信，生活之河比我更有智慧，我不应该只跟着我的大脑走。

这也是为什么我要快快写的原因。不要给大脑太多的机会，不然会累，灵感没有机会涌现出来、渗透出来。我确实应该跳进生活之河，在随其漂流时，我是轻松愉悦的。我也要相信，自己会被带到美好之地。

都说要“刻意练习”，尤其要在导师的指导下“刻意练习”才能进步，这样的导师去哪里找呢？我想，生活之河就是我最好的写作教练，也是我最好的人生教练。

这种想法与《臣服实验》相似。这本书的作者迈克·A. 辛格的“臣服实验”对我很有启发。什么是“臣服实验”？简单说，就是要相信、接受“一切都是最好的安排”。

他说：“我不再想掌控自己的生活，我想要的是自由地展翅高飞，去到更远处。我开始把这看成一次伟大的实验。如果我在内心放弃抵抗，让生命之流来主宰一切又会怎么样？这次实验的规则非常简单，如果生命让一些事情发生，那我就把它们当作是来引渡我的。如果自我要抱怨，那我就用一切机会让他放手，然后向生命臣服。这就是‘臣服实验’的诞生。”

今天、眼下应该做什么，其实很好判断，我们的内心马上就会告诉自己正确的答案是什么。然而，很多时候我们会用大脑去“算计”：这样做有什么好处？或者会为未来感到忧虑。这都会导致拖延，让我不去做今天、眼下应该去做的事。

其实，我们真应该不断告诉自己：一天的难处一天当就够了。人生不过就是不断做好今天、眼下的事。

《阿甘正传》：生命中的贵人

----> 2022.11.10

昨天又看了《阿甘正传》。我一直在思考，智商只有75的阿甘为什么能获得常人难以企及的成功和幸福？

阿甘成了橄榄球巨星、越战英雄、乒乓球外交使者、亿万富翁、白宫常客、跑步明星……他不仅成功，还幸福，并且帮助到很多人。他是如何做到的？我认为与两个人有密切关系：一是他的妈妈，二是珍妮，二人缺一不可。妈妈给了阿甘很多的爱和价值观的教育。珍妮激发了他的天赋，那就是跑。

看起来，阿甘是一个“妈宝男”，什么都听妈妈的。阿甘在讲述自己的人生故事时，在和别人相处时，动不动就说：“我妈妈说……”有一句谚语说：“人活着不是单靠食物，乃是靠上帝口里的话。”我们也可以说，阿甘活着不是单靠食物，乃是靠他妈妈口里的话。

妈妈都对阿甘说了什么？我想到的第一句话是：做傻事的才

是傻子（Stupid is as stupid does）。这句话的意思不是“傻人有傻福”，而是说，一个人傻不傻，不是看外表，不是看这个人的智商，而要看这个人有没有做傻事。

电影中有那么三四次，别人很直接地问阿甘：你是不是傻？例如，他和珍妮第一次见面时，在公交车上珍妮就这么问他。阿甘回答说：“我妈妈说，做傻事的才是傻子。”

这是一个非同凡响的回答，显示出妈妈对他的爱，因为妈妈能捕捉到阿甘在生活中遇到的挑战，其中最大的挑战可能就是，别人会经常说他傻。

智商只有75的阿甘并没有做什么傻事，恰恰相反，他在人生的每一个重要关头都做了正确的选择。珍妮的智商没问题，却一次又一次地做傻事。

为什么阿甘不做傻事，珍妮却总是做傻事？这就要追溯到他们的童年。阿甘是单亲家庭，珍妮也是单亲家庭，不同的是，阿甘有一个爱他并很有智慧的妈妈。

珍妮呢？她的爸爸是个酒鬼。在电影中，阿甘第一次跑到珍妮家，珍妮就带着阿甘跑走了，她喝醉酒的爸爸捏着酒瓶怒吼着紧追不舍。珍妮只好带着阿甘跪下祈祷，希望上帝让她变成一只可以飞走的鸟。

这成为她一生的希望和追求，她想要自由，她不想被关在一个地方。因为她小时候被关在家里时，总是怕爸爸打她、伤害她。她从一个极端走向另一个极端。长大后，她要的自由也给她带来巨大的伤害。她在自由中，一次又一次地做着错误的选择，做着傻事。

阿甘为什么总是做对的事？因为他“听妈妈的话”。他妈妈对他说了不少充满智慧的话，如那句著名的“生活就像一盒巧克力，你永远不知道下一颗会是什么味道”，阿甘将这些话存记于心，他不是听听而已，而是付诸行动。他是一个听了就乐意遵行的人。他听妈妈的话，他听橄榄球教练的话，他听部队长官的话，这让他的生活如鱼得水，一切都那么自然而然地发生。

如果阿甘只有妈妈，而没有遇见珍妮，那他也不会取得那么大的成功，不会获得那么多幸福。

珍妮是阿甘第一次上学坐校车时认识的。所有同学都不愿意和他坐在一起。正在茫然无助的时候，阿甘听到了一个天使般的声音，问他要不要一起坐？这个声音来自珍妮。

珍妮对阿甘的塑造特别体现在让阿甘跑上。在电影里有那么几个场景，珍妮让阿甘跑。第一次是3个骑自行车的小男孩追打阿甘，珍妮让阿甘跑。第二次是在读高中的时候，几个青春期的大男孩开着汽车追阿甘，珍妮让阿甘跑。第三次是阿甘要去参加战争，珍妮叮嘱他，遇到难处，不要逞强，要跑。

正因为跑，阿甘一次又一次地逃离了困难。不仅如此，他还跑出了成功，因为跑得快，他被橄榄球教练看中，成为全美明星；因为跑得快，他在战争中救了几个战友，成为国家英雄。我们可以说，是珍妮发现了阿甘的天赋，并鼓励阿甘使用他的天赋。不然，阿甘的天赋很有可能被埋没。

跑还是阿甘自我疗愈的方式。阿甘在向珍妮求婚遭到拒绝后，走出房间，双手叉腰，背对着远去的珍妮。我们能感受到阿甘的难过。隔天，珍妮走了。阿甘没有沉浸在悲伤之中，而是去跑，跑到天涯海角，还带动许多人跟着他一起跑。

每个人都有难过、伤心的时候，重要的是，找到自己排解的方式。珍妮是怎么排解的？游荡、鬼混、醉酒、吸毒……这使她不仅无法排解悲伤，反而陷入更深的泥潭。

从阿甘身上可以看到，排解悲伤的最好方法，莫过于做自己有天赋的事情。因为天赋往往是我们的热情所在，也是我们所擅长的，还会对别人有所帮助。做这样的事情，容易让我们快乐。

阿甘生命中的两个贵人，都给了他爱；一个教他人生观，一个激发他的天赋。如此，他如虎添翼，既有德行，又有能力。

先完成，再完善

----> 2022.11.11

我在想，要不要把我写的这些文字给出版社编辑看？看看有没有出版价值，看看我的写作是什么方向。

还是算了。我觉得我的日记不适合给别人看。要给别人看，那也应该事先编辑整理一下。正如我不应该让别人直接看我访谈三川玲老师的录音稿，而是先编辑整理一下，过后再给别人看。

那我应该整理自己写的日记，正如我整理访谈稿一样，对吗？我觉得这确实是一个不错的想法。当我写日记时，我是为自己写，写的时候没有读者。当我编辑时心里要有读者，我要想自己的文字对读者有没有价值。

我有兴趣编辑我的日记吗？当我面对访谈三川玲老师的录音稿时，我充满了热情，迫不及待地想要编辑它。但面对自己的日记，说实话目前没有那么大的意愿、激情去编辑。这是为什么？是觉得我的日记没有含金量？还是说，我对自己没有信心？

访谈三川玲老师的录音稿有3万多字，初稿被我编辑到只剩下12291字，删除了一半还多。让我从那么多日记中，编选出一半甚至是1/3有价值的文字，我想我还是可以做到的。我每天写6000字，就可以编辑出2000有价值的文字。既然如此，我为什么不尝试一下？

其实，不仅访谈稿是编辑出来的，电影不也是这样吗？拍电影的时候，导演、摄影师不可能只拍摄最后播放出来的两三个小时内容，很有可能录制了三四百个小时，甚至更多，但最后只剪了其中的百分之二三而已。

诗人韩东在《五万言》里写道："忆明珠曾对我说，在修改的时候他才觉得是在写作。这是得道之言。""修改非常必要，但有其方法，需要尊重工序流程。只有在流程中，我们才不是机器，是掌握了机器的人。""不修改就是将自己变成写作机器，满足于机械作业。"

编辑修改的"工序流程"是什么？他说："修改小说，仍然需要顺从时间的流逝，就是说要一路改下来。就像油漆一张桌子，是一遍一遍地上漆，最好不要一块一块地涂抹。当然可以多改几遍，但每一遍都应从头到尾，并允许过程中的不尽如人意。"修改小说如此，我想修改任何一本书也是如此。

那怎样先把东西写出来？得先有东西，不然修改什么？昨天我看了一部电影——《心灵访客》，其中的片段对写作有一点帮助。电影里有一个老头是深居简出的资深作家，他教一个年轻人写作。老头说：第一稿要用心写，第二稿才用脑写。写作不要想，不要冥思苦想，写作就是写。

可是我看《写作的勇气》这本书，作者古贺史健提倡不要随便写。为什么？他觉得一旦随便写，就容易被定型，那就不好修改了。他觉得应该在脑子里想好怎么写，想好要写的结构。想好了，再动笔写。

这就好比打铁，心里想着要打成什么样子，才把烧红的铁拿出来。如果不知道要打成什么样子，那就不要拿出来。因为一拿出来，铁很快就会硬化，就会定型，要改变就很难了。这是我自己想的一个比喻。古贺史健用的比喻是玻璃胶。他说我们写出来的东西像玻璃胶，胶水倒出来，是很快会定型的，所以不要随便写。

不过，我还是更认可用心写作。第一遍用心写作，之后就要用脑写作，用脑修改。用心写时虽然可能写出流水账，但如果写得好，那就是行云流水，非常流畅。如果第一稿就强迫自己用脑写作，我往往不知道写什么，要绞尽脑汁，要憋出一些字来，那真是凑字数。问题是，有时想凑都凑不出来字数。

如果我被约稿，要写一篇2000字的文章，我情愿"用心""无脑"地写6000字，然后修改出2000字；而不愿意直接绞尽脑汁地写2000字。对我来说，前者不仅更让我高兴，所花的时间也有可能更少。而后者，我可能干脆就写不出来。

在访谈的时候，目的性不能那么强，不能只让访谈对象谈与主题相关的内容。如果这样，往往容易把话说死，访谈进行不下去。双方都处在紧张的、不放松的状态，这对访谈来说是很不好的。访谈的双方应该尽量放松，要允许双方离题万里地聊天，允许打岔，允许闲扯。

写作也一样。在访谈的时候，想怎么谈就怎么谈；写作的时候，想怎么写就怎么写。过后，都要对录音稿和写作初稿进行编辑。二者是很类似的一个过程。我可以把写作当成采访自己。这就如我问自己：昨天你过得怎么样？然后，我通过写作的方式，噼里啪啦地回答了6000字。

所以，我还是要做多写、快写的训练，而非深思熟虑之后再写的那种训练。林语堂认为，一个人学习写作，不应该学习写作技巧之类的。他说："凡是期望成为作家的初学者，都应该叫他们先把写作的技巧完全撇开，暂时不必顾及这些小节，专在心灵上用功夫，发展出一种真实的文学个性，去做他的写作基础。"

茅盾也说第一稿快快写，以后不断修改："字句的斟酌，此时也暂且不管，想到什么，写下来再说。此时唯一目的在一口气把你脑中汹涌着的东西都移在纸上……在初学者，练习的唯一法门是多修改，一而再，再而三，永不倦怠。今天修改过了，隔几天再修改，又隔几天再做第三次的修改。修改之后去读书，研究名著，读了书欣然有新得的时候再来修改。"

我现在确实还没有足够的激情和动力来编辑我的日记，或许不是因为太"狗屎"(海明威说："一切文章的初稿都是狗屎。")，而是需要机缘，强求不得。那就再等等，先完成，再完善。

在最小的事上靠谱

----> 2022.11.12

前几天，我激动不已地说自己终于找到使命了，那就是写作，说自己愿意一辈子写作。可第二天和三川玲老师交流以后，我就有点怀疑这个结论了。在聊天过程中，她觉得我很有创意，很有互联网产品思维。我自己也一直这么认为。

跟她聊过之后，我打消了写童话的念头，以为那是遥不可及的欲望。另一个念头却冒出来，那就是做访谈，我以为那是我可以一针捅破天的突破。可这都几天过去了，在做访谈这件事上，我没有任何行动。

其实，不管是做互联网产品，还是写童话或做访谈，更别说之前的直播带货，都不在我的能力范围之内，或者说时机还没到。有些我有能力做，但缺乏意愿；有些我愿意做，但缺乏能力。目前看来，我能做也愿意做的，就是每天写6000字。

这是一件很小的事，但这就是我目前力所能及的事。

我想起《我们为什么做出不利于自己的行为》一书。在前言中，作者说他当初找到一份对他来说很容易、很轻松的工作——成为一名精神科医师。“但正因为很容易，我抗拒这么做。在我看来，工作不应该是一件让你享受的事情，而应该是一件让你忍受着去做的事。如果工作的过程不艰难，那就是不合理的。”

他把这样的想法告诉了自己的导师。导师对他说：“成为一名精神科医师。”

“但这是一条简单的出路。”

导师接下来的这一句话改变了他一生：“有时候，简单的出路就是正确的出路。”

一开始，我觉得每天写6000字对我来说很容易，认为这不是一条出路。我总觉得自己应该去做更难的事情，做更有挑战的事情。链家、贝壳的创始人左晖曾强调：做艰难而正确的事。如今，我则在思考：会不会“有时候，简单的出路就是正确的出路”？我想，很有可能。

欲望大于能力往往会带来痛苦焦虑。能力不是一朝一夕就能提升的，那就只好降低欲望。现在我每天能写6000字，就已经很满足了。我现在的能力和意愿就是每天写6000字，那就尽力去做。

我想起中国台湾作家莫非老师的经历。她主要在美国接受教育，想要写作时都不怎么懂中文。一开始她只有一个模糊的心意：“我要开始写！”

“那时我操练忠心的方式，就是挣扎眼前的那一篇文章，努力放上自己最好的文字来献祭。一篇篇忠心努力地写下来，就有了一个专栏的托付。一年年专栏写下来，就出书、得奖，也有了日后培训的邀请。一年年培训下来，就有了创文的成立！”“创文”现在有很大的影响力，但一开始莫非老师根本没有想过会发展到这里。

她的感悟是：“老实说，不是每个人一下子就会清楚自己这一生的神圣托付为何。但有个逻辑却是长久不变的，就是‘小事忠心，大事托付’。人在最小的事上忠心，在大事上也忠心；在最小的事上不义，在大事上也不义。我觉得最有意思的是，不只是小事忠心，而是在‘最小的事’上就要开始忠心……”

罗振宇每天发1条60秒的语音，说要发10年。如今10年马上就到了。一开始他哪里想过会有现在的“得到”？即使想过，也要一步一步、一点一滴做出来。

对于现在的我来说，我要在哪件“最小的事”上忠心？应该就是每天写6000字。做一个忠心的人或者说做一个靠谱的人非常重要。如果一个人在“最小的事”上都不忠心、不靠谱，谁还敢把大事交给他做呢？

把小事做好是可行的。让一个人做小事，他就会有信心，觉得自己能够把这件小事坚持做下去。不要想着一步登天，这样往往会打击一个人的信心。

例如，我之前训练自己做一件小事，每天早起后花两三秒钟说一句话：“今天又是全新的一天，天气真好”；做到后我把这件事稍微变大一点：花5分钟思考。如果一开始就想每天思考5分钟甚至一两个小时，我根本就没有信心做到。

在婚姻上，我可以说我是靠谱的。但在写作上，我还不能说自己靠谱。我没法说我每年出版1本书，我没法常常更新公众号，也做不到定期更新专栏文章。但我正在操练自己每天写6000字。

我希望自己最起码在这一点上是靠谱的，这样我就可以说自己是一个靠谱的作家，是一个能够稳定输出的作家。即使别人不认可我写出来的这些文字，但我已经做了我力所能及的事，没什么遗憾。我现在的能力只有这么大，只能写到这个地步。

这与我跑步也有相似之处。我现在每天能跑7000米，但一开始并不是这样的，而是有一个循序渐进的过程，一个不断调整优化的过程。从开始跑步，到每天固定跑7000米，中间大概花了1年时间。

每天写6000字，这个计划是从9月22日任溶溶老先生去世的那天开始的，到现在也不过1个多月。最起码要坚持写1年，1年后再来看看自己有没有能力写“大事”。先不要图谋“大事”，现在我要做的是，通过每天写6000字这件“最小的事”来培养自己的“忠心”，让自己成为一个靠谱的人。

《海上钢琴师》：为什么不下船？

----> 2022.11.13

昨天看了《海上钢琴师》，我看到豆瓣上有很多人问：为什么钢琴师就是不下船？在别人看来，下船是如此简单的事情。好生活就在眼前，近在咫尺，可他就是不下船，这几步他无法跨越。

而我想问：现实生活中，是不是也有人“不下船”，哪怕下船之后就有名声财富，就有美好生活。

我想到自己做直播带货的经历。在别人看来，我很适合做直播带货，做起来轻而易举。如果我做了直播带货，就能赚一些钱，但我不愿做，我就是“不下船”。我也想到自己戒烟的经历，十多年来哼妈一直觉得让我戒烟是件简单的事，一根香烟而已，想放下，想戒掉，是多么的容易。她认为我之所以不戒是我不想。但对我来说，我是不想戒吗？戒烟真是只需要走几步就可以“下船”的吗？

海子说："从明天起，做一个幸福的人，喂马，劈柴，周游世界。从明天起，关心粮食和蔬菜。"喂马劈柴，关心粮食和蔬菜，这不是很容易的事情吗？做这些事就意味着幸福。海子去做了吗？他没有，反而卧轨自杀了。海子是不是有点像海上钢琴师？明明轻而易举就可以获得幸福，但就是"不下船"，仿佛那不是轻而易举的事情，而是无比困难的事情。

有时候，在别人眼里是轻而易举的事，于自己就是过不去的坎。在别人眼里是充满吸引力的成功和幸福，于自己却提不起丝毫兴趣。每一个人是否都有过不去的坎？这个坎一旦过去，迎接他的就是成功和幸福。但很多人和海上钢琴师一样，迈不过去，并为之付出生命的代价。

也有可能是这样的：这不是一个坎，而是一个阵地。在别人看是一个坎，但在自己看来是一个要坚守的阵地。在别人看来，过了这个坎就能获得成功幸福。但在自己看来，坚守这个阵地，比获得成功和幸福更重要。

放弃阵地，我会获得世俗的成功与幸福；如果坚守阵地，那么我会获得更加纯粹的成功与幸福。在我看来，坚守阵地获得的成功与幸福更值得我追求。倘若我放弃这个阵地，很有可能不仅得不到幸福，生活还会变得一团糟。放弃阵地后，各种各样的选择让我眼花缭乱，让我无所适从。

海上钢琴师不愿意下船，是在坚守阵地，还是有过不去的坎？

有人说，他不愿意下船，是因为他有过不去的坎。这个坎是他的社交恐惧症。有人说，他不愿意下船，是在坚守阵地。他的阵地是欧洲贵族遗留的传统，是旧时代。这是一艘从欧洲通往美国的船，他不愿意踏入美国，不愿意进入新时代。

我的理解是：船是钢琴师的舒适区，他对舒适区外的世界充满恐惧。他不知道离开这个舒适区如何生活。

在电影中，有一个吹口风琴的农民，他原本一辈子守着一亩三分地，这就是他的世界，是他的舒适区。只是厄运接踵而至，他的爱人抛弃了他，他的5个孩子相继死去，只留下最小的女儿。他对钢琴师说："就是为了她，有一天我决定要和自己的坏运气斗一斗，于是我出门旅行，漫无目的。"

突然有一天，这个农民顿悟了，仿佛听到来自"大海的声音"："你这个脑子里一团浆糊的家伙，生活是广阔无边的，是广阔无边的……我从来没有这样想过，我的脑子里翻天覆地。就这样，我突然下定决心，要改变生活。我要重新开始。"

钢琴师在船上没什么坏运气，船对他来说一直是舒适区、安乐窝，就像他小时候的摇篮。他不像那个农民，他没有动力离开船，没有动力去改变生活，也没有动力重新开始。

即便他没有动力离开船，如果陆地上的生活对他有足够的吸引力，那他也有可能下船上岸。可他对陆地的生活充满了恐惧。钢琴师对好友马克斯说："阻止我脚步的，并不是我所看见的东西，而是我无法看见的那些东西。你明白吗？在那个无限蔓延的城市里，什么东西都有，可唯独没有尽头。根本就没有尽头。我看不见这一切的尽头，世界的尽头……天啊！你看过那些街道吗？仅仅是街道，就有上千条！你下去该怎么办？你怎么选择其中一条来走？怎么选择‘属于你自己的’一个女人、一栋房子、一块地，或者选择一道风景欣赏，选择一种方法死去。那个世界好重，压在我身上。你甚至不知道它在哪里结束，你难道从来不为自己生活在无穷选择里而害怕得快崩溃掉吗？”

为什么钢琴师眼中的世界是这样的？答案很简单，他出生在船上，从未离开过。他的养父丹尼从小就告诉他“除了弗吉尼亚号（船），什么都不好”，“陆地上有鲨鱼，能把你活吃了”。

后来因穷困潦倒把小号变卖了的马克斯，更加证实了钢琴师之前对世界的认识。马克斯在陆地上都活得如此不堪，以至于不得不放弃最爱的小号，没有身份、没有户籍的钢琴师如何能在陆地上生活得更好？

因为他在音乐上更有天赋？钢琴师否认了这点，他觉得他在陆地上无法施展他的音乐天赋，他说：“你把我推到舷梯上，然后扔给我一架有百万琴键的钢琴，百万千万的没有尽头的琴键，那是事实，它们没有尽头。那键盘是无限延伸的。然而如果琴键是无限的，那么在那架琴上就没有你能弹奏的音乐，你坐错了地方，那是上帝的钢琴。”

对现在的我来说，要坚守的阵地就是写作。我曾经以为我可以做不少事情，到现在，我慢慢觉得那么多事，那么多选择，对我而言都是诱惑。我要坚守在写作这件事上。

更具体一点说，我现在的阵地是“早起写作6000字”，它是不能失守的。一旦失守，我的生活会毁于一旦。这好比战争中的一个据点、一个阵地，看起来不怎么起眼，不是那么重要，可一旦失守，整个战争的局势都有可能改变。

天生对某些事的偏爱

----> 2022.11.14

有人问杨振宁："如何找到适合自己的发展方向？"他回答说，在他小时候，他父亲教他鸡兔同笼、韩信点兵，他学得很快。后来他自己有了3个孩子，他也教他们鸡兔同笼、韩信点兵，他们也都学得很快。不过3个孩子跟他有一个很大的不同，就是过了一段时间以后，孩子们忘得干干净净，可是他却记得一清二楚。

"这是什么原因呢？"杨振宁说，"我想这不是训练出来的，就是不知为什么，我对于数学的结构比较喜欢，所以我觉得鸡兔同笼的算法很妙，所以我就记得。他们不是这样的，他们现在也都不是念数学或者理论物理。"

杨振宁说他最重要的贡献叫作规范场。规范场是怎么产生的？也是因为兴趣爱好。

他说："我最早去研究它是在1947年，到1954年米尔斯跟我写文章，中间差了7年。7年里不是每天去做，就是过一些时候就去试一试。不成，便放弃了，过半年后又去试试，又不成又放弃了，一次次往复，到1954年就成功了。也就是说，你如果对于某一个东西特别感兴趣，这个就可能是值得你发展的方向。所以讲来讲去，就是每一个人，他天生的对于某些东西有偏爱。"

我天生就对写作有偏爱。这让我很高兴，也很感恩。

在《谈到写作，最重要的是——》这篇文章里，张晓风记录了一个从美国学成归来的博士问她的问题：写作是先天的天分重要，还是后天的努力重要？

张晓风就说，都重要，但都不是最重要的。

"那么，最重要的是什么？"

"是passion。"

Passion的中文释义是激情、热情，有两性之爱。张晓风说，如果用在文学创作上，她更愿意翻译成"痴狂"。

我对写作痴狂吗？"要验证其人之痴狂与否，只要看他是否经常不吃不睡不应酬不想钱而只专注于创作。受苦多，报酬少，passion虽是内在的燃力，但一定会表现于外在的勤奋和奋不顾身上。"

"而这番受苦，常人是绝对耐不住的——能耐得住的那人想来一定从那些磨难中得到极大的喜悦，所以甘之如饴。而这份'甘之'，你或者就可以直截了当称它为'天才'或'天之禀赋'。"

我倒不会经常不吃不睡不应酬不想钱，我还是经常想钱的，想着要养家糊口。但是，我确实能够从写作中得到极大的喜悦，甘之如饴。

以后若是有人问我如何写作、为何写作，我就说，我是非写不可。不写的话，我就痛苦不堪；写的话，我就甘之如饴。我在什么时候有这样的认识呢？是在2022年的下半年。当我有这样的认识后，我就开始努力、不间断地写作，每天写6000字，不管写得好与坏。

是的，我认同这就是“天赋”（用张晓风的话来说就是“天之禀赋”）：写就甘之如饴，不写就痛苦万分。

那么，我就可以直截了当地说，我是有写作天赋的，也就是有“先天的天分”。只是，要搞清楚所谓的天分到底是什么。在我看来，天赋、天分就是passion，是热情，是激情，是热爱，而不是“很有才”，我不觉得自己在写作上“很有才”，我的文笔远不如哼妈。我的天分，是指我热爱写作。

在写作的过程中，我有满足之感吗？是的，在写这些文字的时候，我是无比满足的。虽然偶尔会有一点苦涩，觉得自己的文字不是那么好，缺少激情，但无论如何，我还是坚持在写，并且很享受目前的这种写作状态。

这种状态很平稳，一如我的热爱。我的热爱不是那种每天像打了鸡血一样的热爱，而是像涓涓细流，和缓又绵绵不绝。如同我和哼妈的相处，虽不是每天都充满激情，但每天都有爱意。

在《父亲巴菲特教我的事》这本书中，巴菲特的儿子彼得·巴菲特提到了成功的定义，他喜欢音乐，反对以财富为衡量成功与否的唯一标准。他眼中的成功，是找到自己热爱的事情并全力以赴。

在他看来，这是一个人获得自尊的最好的方式，也是回馈社会的最好的方式。人生如果有遗憾，大多是因为没有全力以赴导致的。

在没有希望时继续前行

----> *2022.11.15*

就在刚刚，一个在“大厂”工作的朋友在微信里问我：“你后面有什么打算？”我回答说：“一言难尽。”他的这个问题把我问住了，我想不清楚，又总是在想。与其如此，我还不如写一写。

我有什么打算？按说，我的打算很清楚，不就是写作吗？自从9月任溶溶老先生去世的那一天，我就打算做一个作家了。这难道不是我的打算吗？那我为什么犹豫？我为什么不这么回答他？

假如他对我说，现在有一个创业的机会。我要不要试试？他之前不是给我介绍过创业的机会吗？难道我会对他说，不，我不要，因为我后面打算写作——我觉得我不会这么痛快地拒绝他。

怎么？难道我成为一个作家的志气，就这么经不住诱惑？我就这么容易灰心丧志吗？当我回答“一言难尽”时，我到底想说什么？我是希望他见面详谈，还是希望他给我一个创业的机会。

这让我想起一本绘本——《我不知道我是谁？》。在绘本里，达利B不知道自己是谁，不知道自己应该住在哪里，不知道自己应该吃什么，尤其不知道自己的脚为什么那么大。当黄鼠狼杰西D咄咄逼近想要吃掉它时，达利B才从黄鼠狼的嘴里得知自己是一只兔子。达利B鬼使神差地用它的大脚把杰西D踢得老远，其他兔子都冲它欢呼："你是个大英雄。"这时候达利B更困惑了："真奇怪，我还以为我是一只兔子呢。"

我也不知道我是谁。如果我确实想做一个作家，为什么不昭告天下？我现在的行为仿佛这是件见不得人的事。我自问，我是不是怕自己成不了作家，是不是怕自己说出去想成为一个作家后，但又做不到，以至丢脸。

也许，我确实希望成为一个作家，但我又没有信心成为一个作家，才有了目前的纠结处境。

我对自己说，我还是要有耐心，成为作家这个目标不是我想达成就能立马达成的。正如我希望小哈成为折纸艺术家，小哈还需要学习，需要不断训练，需要身体好，需要品格好。

小哈并不着急，我为何要着急呢？就因为他10岁，我38岁吗？倒不如把自己放在小哈的位置上，先不着急成名成家。毕竟我在写作上没太受过训练，正如小哈在折纸上也没太受过训练。

小哈有折纸的兴趣，持续了3年。我对写作的兴趣，断断续续持续了很多年，但只不过是兴趣，只不过是爱好，还不足以成为特长，不足以成为专业，更不足以成为职业。当然，即使成不了特长、专业、职业，只是把写作当兴趣爱好，我也会继续。正如小哈成不了折纸艺术家，我也愿意培养他折纸的兴趣爱好。

写完上面的文字，我又拿起手机再次回复了我的朋友，说："打算写作。"现在，我需要的是耐心。目标是有的，不要只因为觉得无法实现目标，或者觉得实现目标遥遥无期，我就否定目标。有人生目标是好的，要咬住这个目标。再者，我说的是"打算写作"，没有说"打算成为作家"。我确实愿意一辈子写作，哪怕只是作为兴趣爱好。

我这么回复他后，他说："挺好的。你会回重庆吗？"

我回："混不下去的话，就回。"

是的，这不是"挺好的"吗？现在不是还没到混不下去的时候吗？为什么要灰心丧志呢？不要丧志！即使在北京混不下去，我也可以回重庆。回到重庆后，我不是可以继续写作吗？只要咬定这个目标，一步一步往前走，那就行了。

从什么意义上来说，我才称得上是一个作家？要写出作品吗？那是每天都要写出作品，还是隔一段时间出一部作品？我的天赋是什么？我热爱什么？我做什么受到的正面激励比较多？……我好像一时没有确定的答案。

我的天赋是写作吗？在写作这方面，我好像也没有表现出太大的天赋。一直以来，我的作文水平平平。在学生时代，我的文章公开发表、变成铅字的经历只有一次，那是在大二那年暑假，我去广东顺德，在叔叔的诊所里看到报纸上的一则征文启事，我投了一篇稿。后来叔叔告诉我，文章刊登出来了，而且寄来了稿费。

我热爱写作吗？我不确定，我只知道我喜欢写作，尤其在心情不好的时候特别需要写作。我不知道这样谈不谈得上是热爱，我只是需要写作。写作真的就像我的解药一样，如果心情不好了，就吃点写作的解药。在我想不清楚、想太多、想玩游戏的时候，我也要通过写作来缓解。

那么，我有没有通过写作得到正向激励？也是有的。我通过写作，让自己变得更加平和、快乐。哼妈也希望我写作。更何况，我也写过几本畅销书，可以说，大V店是我写出来的。我从写作这件事上，收获了很多。

这样写下来，我觉得自己确实应该往写作上发展。只是我内心还是会有诸多疑问：

我到底要写什么？我能写什么？我是不是应该跟出版社的编辑朋友沟通一下？现在我写的这些文字，有谁需要吗？

除了写作，我还有别的事想做吗？投资？投资又不需要我花什么时间，我也不愿意在投资上花时间，更没有能力和意愿去研究公司财务方面的问题。

做“采之”？我觉得我没有什么动力做了。旺仔这么久没有回复我，我都不想问他，哪怕在微信上问一问我都不怎么愿意。这就说明我做“采之”的意愿并不强烈。

我会放弃写作吗？今天看到美国作家朱诺·迪亚斯的一段话："在我看来，作家之所以能成为作家，是因为即便在没有希望的时候，即便你做的所有事情都显得毫无前途，你还是继续在写。一直要到那天晚上，面对着所有这些令人讨厌的纸页时，我才意识到——才真正意识到——我终究是个作家。"

我终究是个作家吗？我终究是个作家。

生存焦虑vs价值焦虑

----> 2022.11.16

今天突然想到我要在感恩节那天做直播进行分享，只有不到10天了。接受邀请后的第二天，我想了一个分享主题——“一见钟情vs爱情长跑”，之后就完全忘了这事。接下来的这些天，我要好好准备一下，最好逐字写下来。

首先要谢谢柯洛平老师让朱应涛来邀请我分享。其次也要说一声抱歉，应涛在邀请我时说分享的主题“与生命成长、使命、写作相关的都行”。我很感兴趣就接受了邀请，并不是我有什么成功经验。

我过去十多年的人生经历，如果用世俗的标准衡量，确实比较成功。在事业发展上我创办了大V店，融了不少钱，公司估值挺高，员工和用户也挺多。在家庭关系上，我也挺幸福的。我和哼妈有一儿一女，合作过两本书——《我是炫妻狂》和《好婚姻，就是一次又一次爱上对方》。

按说，我的事业小有成就，家庭生活幸福和睦，应该有比较高的幸福指数，说有“夫复何求”之感也不为过了。但为什么我总感到焦虑？我想，可能是两个需求没有得到很好的满足。

如果用马斯洛的需求层次理论来解释，那么一方面是生存需求，一方面是自我实现的需求。对于我来说，在这两个方面分别有生存焦虑和价值焦虑。所谓生存焦虑就是比较担心自己的生计问题，要养家糊口；价值焦虑，就是觉得自己没有给公司，没有给社会，没有给这个世界创造什么价值。

有些人可能已经财富自由了，他不担心生存问题，没什么生存焦虑，但他不一定就幸福。他很可能还有价值焦虑，他还没有实现自我价值。一个人在他应该给世界创造价值的时候却没有创造，他就不会觉得幸福，不会快乐。

因为创造价值也是人的需求之一，正如人需要食物、阳光、空气和水一样。工作就是我们创造价值的一个普遍方式。

《工作的意义》一书的作者提摩太·凯勒说：“如果询问身处疗养院或医院的病人，他们有什么想法，他们会说最惋惜的是自己无法做什么，无法去帮助他人。他们认为自己闲暇时间过多而工作不够。我们受造是为了工作，所以我们一旦缺少工作便会忧愁不安。这就比人们普遍所持的以工作为糊口手段的观点更为深刻、积极。我们工作不仅是为了糊口；我们需要工作，才能活得充实。”

不过，在当今社会很多人工作只是为了养家糊口。他并不喜欢这份工作，工作没有让他感到充实，没有让他感到幸福快乐。因为很多人不认为自己在做的工作能创造价值，无论为自己还是为社会，我自己有时也会这么想。《毫无意义的工作》这本书很火应该与此有关。

这几年，我在工作上有更多的思考。我目前的思考是，一个人如果解决了他的价值焦虑，觉得自己能给这个世界创造价值、有所贡献，那他的生存焦虑就会大大减弱。

也就是说，一个人有了使命就不会那么担心生计。为什么解决了价值焦虑，让工作更有意义，生存焦虑也就基本得到缓解了？我觉得主要有两个原因：第一，如果一个人觉得自己对世界有所贡献，那么他会相信自己未来不会那么“缺钱”。正如《价值》一书的作者、著名投资人张磊说：“这个社会早晚会回报不断创造价值的人。”

第二，这是更重要的原因，就是一个人在创造价值，对世界有所贡献的过程中，会得到很大的满足，那种创造性的满足，以至于可以抵消他在物质方面的匮乏，有吃有喝，能够维持基本的生活就可以了。

安徒生的《丑小鸭》就是一个好例子。丑小鸭自出生以后一直过着颠沛流离的生活，很痛苦。在故事快要结束时，丑小鸭看到一群白天鹅。那时，它还不知道自己看到的动物叫白天鹅，它只觉得莫名的激动。

丑小鸭就说：“我要飞向它们，飞向这些高贵的鸟儿，可是它们会把我弄死的，因为我是这样丑，竟然敢接近它们。这没有什么关系。被它们杀死，要比被鸭子咬，被鸡群啄，被看管养鸡场的女佣踢和在冬天受苦好得多。”于是它飞到水里，向这些美丽的天鹅游去。

这些天鹅看到丑小鸭，马上就竖起羽毛向它游来，丑小鸭就说：“请你们弄死我吧！”它把头低低地垂在水上，只等着死，但是它在清澈的水上看到了什么？它看到了自己的倒影，但那不再是一只粗笨的、深灰色的，又丑又令人讨厌的鸭子，而是一只天鹅。

丑小鸭在发现自我、发现使命之前，一直被鸭子咬，被排挤，被鸡群啄，经历了各种各样的苦难，自己也看不起自己。但当它看到那一群白天鹅，也就是看到真正的自己，看到自己是谁，看到自己的使命时，它感到莫名其妙的激动。这是它的重生时刻，它要去做真实的自己，实践使命。它就会有很大的勇气去决绝地说，哪怕是死，也要实现自我。

我想，这就是使命和生计之间的关系：一个人发现了自我，发现了自己的使命，他就会非常乐意去实现。

用孔子的话来说，就是“朝闻道夕死可矣”。孔子评价自己的弟子颜回，说：“一箪食，一瓢饮，在陋巷，人不堪其忧，回也不改其乐，贤哉回也。”

所以，与其拼命去讨生计，拼命去赚钱，想去解决生存问题，还不如另辟蹊径去寻找自己的使命。

当然，如果现在吃了上顿没下顿，生存问题紧迫，那还是先去解决生存问题。俞敏洪老师在一次演讲中说："先养活自己。我认为如果当一个人面临生存问题的时候，还要挑三拣四，这个人一定是不会有出息的，你先活下去再说，只要不玷污你的人格，你再劳累、再不喜欢这个事情，只要给你带来一份收入，你可以先做。但是如果你在这个上面沉沦下去了，你就完蛋了。时时刻刻要放在心中，我最喜欢的事情到底在哪里？请记住了，任何一个人一辈子只为一件事情而来，你即使没有成就，你至少知道，这辈子你做的就是你认为你人生来的那个目的的事情。你这辈子到底想干什么？"

爱好 vs 上瘾

----> 2022.11.17

生存焦虑其实是比较好缓解的，只认识到自己的底线即可。所谓底线就是维持生活简单运行的那条线。

万维钢老师说：“不应该一味追求食物链排名，排名越高的人需要的剂量也越高，最后必然以失望结束。这就是排名的代价。你要非常辛苦，付出很多牺牲，才能提高排名。那再考虑到幸福链，过分的牺牲可能根本不值得，爬到一定程度停下，做点自己感兴趣的事不是更好？”

很多时候，我们焦虑，我们不幸福，很有可能不是因为生存焦虑，而是因为价值焦虑，这与使命感的缺失有关。怎么缓解价值焦虑？换一种问法就是，怎么去发现自己的使命？我使用“发现”这个词，是因为我相信每个人都有自己的使命，只是很多人没有发现而已。正如有一句话说，生活不是没有美，而是缺少发现美的眼睛。

这个问题，我问了自己十多年，最近才有点眉目，但我不敢那么确定地说，我找到使命了。写作就是我的使命吗？我只能说还在确认中。

我们需要时间去慢慢发现自己的使命。幸运的是，很多使命是从爱好中发展出来的，在发现使命的路途上有一条捷径可走，那就是格外关注你的爱好。什么是爱好？很简单，就是自己喜欢，自己受益的事情。在做这样的事情时，就好像是在给自己充电加油，做完之后，就有正能量，对生活更有把控感。

李善友教授在《人生为一件大事而来》一文中“对什么是使命”有所总结：我认为，人要做天命所归的事，这样的事有三个条件。第一，你喜欢，你做的事就是你喜欢的；第二，你擅长，你做的事跟你的天赋有关，比别人做得好；第三，你愿意，有意义，对别人也有帮助，能够利他。

杰克·韦尔奇在《商业的本质》一书中说：我们有一个美妙的策略帮助你明白应该如何度过自己的生命。这是一个被称为“命运之域”（area of destiny）的职业评估过程——把你的生活想象成两条高速公路，一条路代表着你擅长的事情，另一条路代表着你真正喜欢的事情。现在，想象一下这两条高速公路交叉的情景。没错，这个交叉点，就是你构建职业生涯最理想的地方。

关于“喜欢的事情”我们要分清究竟是爱好还是上瘾。在现实生活中，很多人沉迷于上瘾之事，以为自己喜欢的就是爱好。其实不是，爱好是对自己有益的事，而上瘾就是自己喜欢，但对自己无益的事，严重者还会让自己的生活失控，甚至损害别人的利益。

爱好和上瘾带给我们的快乐体验是不同的，爱好带来的快乐可以让我们感到充实，具有正能量；上瘾带给我们的快乐是一过性的，这种快乐的后续，是无尽的空虚与迷茫。所以，要好好体会一下，不只是用头脑去分辨，而是在做的时候用心去感受。

不同的人有不同的爱好。我和哼妈与另一对夫妻是朋友。妻子告诉哼妈，说丈夫在闲暇时间，十年如一日地玩斗地主。他们夫妻两人都觉得没问题，丈夫会玩但不会沉迷，这就不算上瘾，没有人因此受到伤害。我也喜欢玩斗地主，但没有节制，会沉迷其中。事后我会觉得这是浪费时间，哼妈也会不高兴。所以，玩斗地主对我来讲不是一个爱好，而是上瘾。

对我们的朋友来讲，斗地主是爱好，对我来讲是上瘾。正所谓，甲之蜜糖，乙之砒霜。所以要去分辨、体会爱好与上瘾的异同。

例如，有一个人为生计奔波了一天，很累，他想放松一下。他躺在沙发上，准备刷一下手机，看一下短视频，以为这是放松。当他刷了几十分钟，甚至一两个小时后，反而越刷越累，这就说明他在做一件伤害自己的事，而不是做让自己受益的事情。这是上瘾而不是爱好。

一旦发现自己的兴趣爱好，就要刻意安排时间去做，最好每天都去做。为什么？因为爱好给人带来的快乐通常比较平静，比较内敛。上瘾带给人的快乐是即时的，而且是比较激烈的。所以人往往更容易去做让自己上瘾的事情。

我是一名跑步爱好者，我能通过跑步感受到快乐。在这样的情况下，我就要刻意安排时间去跑步，慢慢形成习惯。如果我们不为爱好刻意安排时间，不让爱好形成习惯，就容易滑到上瘾的舒适区里去。

确认了写作是我的爱好后，我开始进行刻意练习。原来我一有时间就会拿出手机来刷一刷短视频，一刷可能个把小时就过去了。现在我一有时间，就会尽量去写作，哪怕在坐二三十分钟的地铁时，我也会打开电脑写作。我写作，我快乐，这是比刷手机视频、玩游戏更健康的快乐。

真希望你有自己的爱好，哪怕它不会带给你金钱上的收益，但能让你享受过程，也能让你充满正能量，以应对生活的各种挑战。如果你一直有意培养自己的爱好，就有可能把它发展成你的事业、你的使命。

从爱好到使命

----> 2022.11.18

爱好和爱好也是不一样的。在培养自己爱好的过程中，会慢慢发现有那么一两个爱好，不仅自己喜欢，对自己有益，对别人也有帮助。那就可以多花一些时间在这样的爱好上。

别人从你的爱好受益，你就会越来越多地得到别人的正面回馈和激励，这个爱好会慢慢变成特长。特长加上价值观就可以变成你的使命。这就是将爱好发展成事业的过程。

不是所有的爱好都要发展成特长，更别说使命。没有必要强求，否则会适得其反。例如，我喜欢运动，但我不想做运动员，也不想做运动教练、运动博主。上小学、初中的时候我喜欢打乒乓球，上高中、大学的时候我喜欢踢足球，现在我喜欢跑步。我并不想把跑步发展成我的副业、我的职业，或者说我的事业，更别说我的使命。

我只是把跑步当爱好，通过跑步给自己加油让自己放松。既然只是爱好，就把它放在爱好的位置上，可以不强迫自己去坚持，以我打乒乓球的爱好为例，我有两个时间段不想提高自己的乒乓球水平：一是在上初中时，我在学校里找不到对手了，觉得索然无味了；二是在到北京后，只能和小区里的老人打乒乓球，我也就没太大兴趣了。

不同的人有不同的爱好，有人喜欢散步，有人喜欢跑步，有人喜欢阅读，有人喜欢写日记……做自己喜欢的事情，他会觉得是在爱自己。爱好的另一种定义就是，做爱自己的事情，做关心自己的事情。

有些人可能会说，我不知道自己有什么爱好。其实呀，一个成年人经历了这么多事，一定会找到自己感兴趣的东西，稍微花时间想一想，拿一张白纸或笔记本、手机备忘录来列一列自己喜欢哪些事情，先不要做任何判断，就一股脑地列出来。

然后，你再好好分辨一下，不是用头脑进行分析，而是要去做、去体验。在做的时候，你要好好观察、感受你的内心：这到底是我的爱好，还是让我上瘾的事情？你内心的感受比头脑的判断更重要。

在你分辨一件事是不是爱好的时间里，你最好写日记，或者叫每日反思、每日复盘。用《斯坦福大学人生设计课》里的表述就是“美好时光日志”。它主要包含两个要素：一是活动记录（记录能让你全身心投入并感到能量充沛的活动）；二是反思（哪些活动让你有收获？收获是什么？）。

一定要特别呵护自己的爱好。爱好是一个人能够幸福、快乐的重要源泉。小哈喜欢折纸，我从来没有教过他，他就是很喜欢。我觉得爱好都是天赋，都是上天赋予的。

在小哈折了3年纸后，我突然意识到这是他的爱好。我很后悔没有及时发现这点。他几乎每天在我眼皮底下折纸，都被我忽视了。我对自己说，不能大意，要呵护爱好，不管是小哈折纸的爱好，还是我自己写作、跑步的爱好，要把爱好当珍宝一样呵护。一个人有这样的珍宝，会比较容易获得满足感和幸福感。

在做自己爱好的事情的过程中，你会很快乐，也有可能产生一些作品，这些作品可能会获得一些人的喜欢，从而使这些人产生愉悦的情绪体验。例如，小哈会折出一些折纸作品，送给小哼，送给我们，送给他的同学和朋友。他的作品被越来越多的人喜欢，折纸日后就有可能发展为他的特长。

我已经说过了，一个人的特长加上良好的价值观，可能会形成使命。如果只有特长，没有正确的价值观，也不行，这个人也许会成为精致的利己主义者。

我说的价值观是什么？就是要为这个世界或为身边人做点贡献，创造点价值的追求。一个人想得到什么，这是人性；他想有所奉献什么，也是人性。得到了，他满足；奉献了，他也满足。

纪伯伦在《先知 · 工作》里说："工作是爱的化身。如果不能怀着爱心工作，只是闷闷不乐地做事，不如放下工作，坐在圣殿门口，让那些乐在工作中的人来周济你。因为如果漫不经心地烘烤面包，烤出来的面包是苦的，无法让人饱足。如果不甘不愿地榨葡萄，这份勉强，将蒸馏成为毒素，渗入酒中。如果不爱歌唱，即使歌声美如天籁，也会使听众的耳朵闭塞，夜以继日地使听力受损。若非有爱，工作尽归徒劳；当你怀着爱心工作，便与自己、与彼此、并与神紧密相系。”

当然，也不能只有特长而没有爱，你要因为热爱而去做一些事情，只有这样你才能与世界建立联系。

爱因斯坦深刻理解这种人与世界的紧密联系，他在《我的世界观》里把这种关联表达得很好，他说：“我每天都无数次地意识到，我的物质生活和精神生活很大程度都建立在他人的劳动成果之上。这些人有的尚健在，有的人已经过世了。对于我已经得到和正在得到的一切，我必须竭尽全力地给出相应的回报。我渴望过简朴的生活，常常为自己过多的享用他人的劳动成果而深感不安。”

这就是爱因斯坦的价值观：一个人活着，不管是物质生活即身体上的活动，还是精神生活即心灵上的活动，都建立在别人的劳动成果之上，任何人都没法自给自足。如果我们把自己封闭起来，不跟外界发生互动，不输入外界的能量，生活很难过得幸福。

就像物理学所昭示的：一个封闭孤立的系统，很容易走向混乱和死亡。我们活着，是因为从外界获取了能量。这就是我们要心怀感恩的地方。我们不是一座孤岛，幸好，我们不是一座孤岛。

按照爱因斯坦的说法，我们不幸福，有可能不是因为得到的太少，而是得到的太多，奉献得太少，感恩得太少，所以内心深处会有不安，会有愧疚。很多人也不知道他不幸福是愧疚造成的，他描述不出来，就是觉得不开心。

一个人要生存，就需要有能量注入。他需要去获取能量，不管是物质方面的能量，还是精神方面的能量。但一个人想过得幸福，就不能只是一味攫取，所谓施比受有福，助人为乐，他还要去回报，要去感恩，要去奉献，要去创造价值。

这里的奉献不是说非要免费，可以收费，没有问题。重要的是，你是在很喜乐又有爱的心态下，做你擅长的事情。你将心注入所做的事情中，创作出来的作品就是美好的。

奉献之事，不分大小，应关注的是你是否喜欢，是否擅长，是否有爱心，是否能将心注入。例如，小野二郎做寿司，成为“寿司之神”。他将心注入寿司制作之中，做寿司这么小的事，就成了他的使命。

又如，我的妻子哼妈，我觉得她也是一个有使命感的人，虽然她不喜欢用这种宏大的词汇。她喜欢整理收纳，她在照顾家庭、帮助我、照顾孩子、照顾老人这样的事情上能够体验到快乐，她擅长做这些事情，我们也从她那里受益良多。

《十月的天空》：英雄之旅

---->2022.11.19

我发现在这里写作真不错。“这里”是哪里？是哼妈给我布置的一个地方。平时在家我有两个地方可以写作：一个是客厅的餐桌，一个是次卧的书桌。现在哼妈又给我开辟了一个在家里写作的地方，那就是主卧里床旁边的桌子。

现在是19:00，客厅被小哈、小哼占领，次卧是岳母睡觉活动的区域。现在我只能来主卧里写作。在这里写作有一个很大的好处，那就是视野开阔。我一抬眼就能看到万家灯火。如果没有这么一个地方，我也就不会写下这些文字，以后也不会写下更多的文字。有一个好的写作地点，对写作是很有帮助的。

今天中午，哼妈和小哼午睡时，我和小哈一起看了《十月的天空》这部电影。

看了好一会儿后，小哈问电影名称是什么，是《火箭小子》吗？（电影开始时出现“本片根据真实故事改编”字样，我就给

他看《火箭小子》这本书的封面，他也看到这本书的作者和电影主人公的名字一样：小霍默·希卡姆）

我说不是，叫《十月的天空》，这部电影是根据《火箭小子》改编的。1957年的10月，苏联发射了世界上第一颗人造卫星“伴侣号”。高中生霍默正是从天空中看到这颗卫星，才有了造火箭的梦想。

电影剧情的转折点是，小镇上（一个日渐没落的煤矿小镇，没煤可挖了）流传着霍默所敬爱的莱莉老师的流言蜚语，为此他去看望莱莉老师。此时，霍默已经成为一个矿工，放弃了造火箭的梦想。得了淋巴癌的莱莉老师就对他说：“有时候你不应该盲从任何人的建议，而是要聆听自己内心的声音。你这一辈子不该埋没在矿井里，因为你有着更伟大的目标。”

此后，霍默会在煤矿挖煤的任何间隙，拿出之前莱莉老师送给他的《导弹设计原理》来读，每日没夜地计算，还找他的同学“怪才”昆丁帮忙，最后他们算出“海雀十三号”这枚被认为是引起森林大火元凶的火箭并没有掉落在森林里，引起大火的其实是机场的照明弹。

霍默和昆丁在找这枚火箭时，我问小哈他们在干什么，小哈回答不上来。我又问，霍默主要是因为什么不造火箭了，小哈说：“他爸爸受伤，他不得不去当矿工。”“还有呢？”“也因为警察说他们之前造的火箭引发了大火灾。”

幸好有莱莉老师的激励，霍默的爸爸也已经康复回到煤矿。

我又问："霍默想建造火箭还要解决什么问题？""他要证明不是他们的火箭导致的火灾。他们在找火箭！"小哈激动地说。

在电影快要结束时，霍默再次邀请他爸爸去看他发射火箭（基本上全镇人都看过他们发射火箭，只有他爸爸没去看过，但霍默的哥哥参加橄榄球比赛时爸爸总是去看的）。霍默说了一番话，我想知道小哈是否听懂了。我暂停电影，问小哈："霍默对他爸爸说冯·布劳恩不是他的英雄是什么意思？"

小哈的第一反应是："谁是冯·布劳恩？"我说："霍默生日时他妈妈不是送给他一张有签名的照片吗？那就是冯·布劳恩"。小哈这才反应过来。

我告诉小哈，在追寻梦想的过程中，会有榜样，霍默以冯·布劳恩为榜样。我让小哈看了《火箭小子》这本书的后记，美国的阿波罗登月计划之所以能成功，离不开一个关键人物——冯·布劳恩。其实霍默并没有见过冯·布劳恩。当霍默梦想成真后，他成为美国国家航空航天局的一名航天工程师，他去了冯·布劳恩工作过的地方工作，并成为那个地方的负责人。

之后，我再问小哈："霍默说冯·布劳恩不是他的英雄，那么谁是他的英雄。"小哈试探性地回答："他爸爸。""为什么？"小哈回答不上来。

我就说，霍默说他和爸爸在很多事上观点不一致，但他和他爸爸一样执着、不屈不挠，他说他想成为像爸爸一样优秀的人。他和他爸爸做的事虽然不一样，一个是下地，一个是上天，但他们在挖矿和造火箭上所用的精神品质是一样的。

从主题上来说，这部电影与之前我和小哈看的《卡特教练》可以一起讨论。

在电影结束后，我问小哈，在追寻梦想的过程中，是什么让《卡特教练》里的“篮球小子”和这里的“火箭小子”获得成功的。小哈说，“篮球小子”是有卡特教练（他会打篮球），“火箭小子”有莱莉老师（她不会造火箭）；他们都有朋友支持。

他回答得很好。这让我想起《千面英雄》。作者约瑟夫·坎贝尔说，在任何一个人成为英雄的旅程中，往往都会出现一个导师一样的人物帮助他。我告诉小哈，要努力识别、珍惜生活中出现的导师。另外，我也肯定了小哈喜欢拉上别人一起折纸的习惯。我告诉他，爸爸虽然一个人写作，但没有妈妈的支持也不行。

在追寻梦想的过程中，我们都会遇到困难。“篮球小子”遇到的困难主要来自内部，来自自己的欲望，在欲望支配下他们有的不想上课，有的做了违法的事情。“火箭小子”的困难主要来自外部，霍默的爸爸阻止他们，校长阻止他们，警察阻止他们。

这时，我又问小哈：“你在折纸过程中，遇到什么外部困难了吗？”他回答：“没有。”我告诉他，随着年龄的增长与阅历的增加，他有可能会遇到各种各样的问题，这里有机遇，也有阻碍，希望他也能找到自己的榜样，汲取前进的力量。

小哈还小，可能还不能完全明白我说的话，但在他的心中，能够种下这样一粒种子，就够了。

没人靠毅力长期坚持

----> 2022.11.20

对于写作，我如同一个早就知道对象是谁，但不敢进入婚姻的人，非要进行长达数十年的爱情长跑，虽然在十多年前就想“结婚”，但犹犹豫豫，考虑这考虑那，一直没有确定下来。

如果我在真实的婚姻上也有这么多“算计”，我和哼妈就不会“闪婚”。如果考虑经济条件，我们真不会结婚，我和哼妈都没有钱，也没有房，没有车。甚至那个时候我还欠别人一点钱。

可我们就是结婚了，这十多年的婚姻生活还算幸福。我们很用心地经营婚姻。

在婚姻里，我从什么时候开始感受到幸福？就是我献身于婚姻的时候，就是我和哼妈在婚礼上发誓的时候：不管贫穷或富有，健康或疾病，顺境或逆境，我都要爱她，直到永远。在婚礼之后，我们两个人在私底下也约定，在日常生活中不说“分开”“离婚”“不过了”这样的字眼。

那么，我在工作上从什么时候开始感受到幸福呢？应该也是全身心投入于一件事的时候，对我来说这件事就是写作。用克尔恺郭尔的话来说，就是我“清心志一事”的时候。

这样看来，不管是选择结婚对象还是选择工作，三心二意、摇摆不定都让人痛苦，让人焦虑。一旦做出选择，一旦做出承诺，“就她了”“就它了”，人就安定了，幸福了。

这不是说此后的婚姻中就没有困难，而是说，即使有困难我也不退缩。因为我已经起誓了，我要做一个信守承诺的人。遇到困难只能前进，只能迎难而上，只能去克服困难。我承诺过爱她一辈子，那就要去爱。

有人问《高效能人士的七个习惯》一书的作者史蒂芬·柯维：“我不爱我妻子了，怎么办？”他回答说：“那你就爱她吧”。问问题的人说：“先生，你没听明白，我问的是我不爱我的妻子了，我该怎么办？”史蒂芬·柯维郑重地说：“不是我没听明白，而是你没听明白。我是说，如果你不爱她了，那你就去爱她吧。”

这个看起来无厘头的回答，实际上充满了智慧。我的理解是：既然她是你的妻子，那就说明当初在结婚时，你承诺过要爱她一辈子，不管她贫穷或富有，可不可爱，你都要去爱她。

在工作上也是如此。我们总会遇到这样或那样困难，一旦做出选择，一旦承诺，一旦清心志一事，那就只能勇往直前，永不放弃。

导演李安说："我觉得'坚持'不是可以鼓励的事情。我真的凭良心讲，一个人坚持，是他本来就会坚持。不坚持的人，一点小挫折或者一点不如意、不理想，他就可能不做了，再怎么鼓励也不起什么作用。我觉得'坚持'很多是天生的，没有都是靠个人毅力去坚持的。讲起来有点玄，有种宿命感——你是不是做这一行的，是不是吃这行饭的？"

也就是说，一个人能不能坚持，跟他是否有毅力、坚韧关系不太，跟他是否受到鼓励关系也不大，重要的是他是否找到对的人、对的事，这件事是否与他的个性、天赋相符。

我原来会觉得自己是一个无法坚持、没有毅力的人，因为我总是跳槽。现在看来很有可能是我没有找到对的事。我在婚姻里是很有坚持、很有毅力的。这不是说我有多么了不起，多么会经营婚姻，我只不过是遇到了一个对的人，那就是哼妈。

既然如此，我就不要因为总是跳槽换工作，给自己一个论断，贴一个标签，说自己是一个三分钟热度的人，是一个"间歇性鸡血、持续性低迷"的人。我原来这么看自己，现在不这么看自己了。现在我觉得自己可以做到坚持写作了。

这让我想起在《掌控习惯》一书里，作者詹姆斯·克利尔说："如果习惯与你的天性和能力相一致，它更容易培养，你也更乐意保持……你用不着培养他人告诉你要养成的习惯。选择最适合你的，而不是最流行的习惯。""你应该养成适合你个性的习惯。人们可以像健美运动员一样练出一身肌肉，但如果你喜欢攀岩、骑自行车或划船，那就围绕着自己的兴趣来培养锻炼习惯。如果你的朋友坚持低碳水化合物饮食，但你发现低脂肪更适合你，那么你随着自己的心愿去做时就更有充足的动力。”

村上春树喜欢跑步，但他并不鼓励所有人跑步。他说跑步正好对他的胃口、合他的个性而已。他说：“假如你讨厌跑步，就没有必要硬着头皮去跑……我并非在倡导‘来呀，大家都来跑步吧’。走在冬日清晨的街头，看见高中生集体在外边跑步，我就不由得心生同情，真可怜，他们当中肯定有人不爱跑步呀。真的。”

榜样的力量

----> 2022.11.21

昨天看魏智渊老师写的文章《为什么最好的父母是权威型的？》。

魏老师把父母之爱，分为母性之爱和父性之爱。母性之爱，让人有安全感；父性之爱带有激励性质，是给孩子指明方向的。也就是说，要让孩子看到值得倾慕的榜样。榜样最好是爸爸妈妈，也可以是童话、电影、传记等里面的人物。

魏老师在文章里解读了电影《霸王别姬》和安徒生的童话《丑小鸭》。在《霸王别姬》中，有一个小孩叫小豆子，因为受不了戏班子的严苛训练就逃了出来。他逃出来后看了一场戏，看到人们对名角的追捧。小豆子受到强烈的震撼，就说："他们怎么成的角儿啊？得挨多少打呀？我什么时候才能成角儿啊？"然后，小豆子选择返回戏班，后来他成为满誉京城的程蝶衣。

在《丑小鸭》中，丑小鸭看到了美丽的白天鹅，说："啊！

我再也忘记不了这些美丽的鸟儿，这些幸福的鸟儿。”哪怕死，丑小鸭也要走向这些美丽的鸟儿。

最近这段时间，我有意给小哈上折纸课、电影课，其中有一个很重要的原因，就是希望他能看到榜样。我目前主要通过以下三种方式：

第一，平时在和他聊天时，我和哼妈都会有意无意地叫他“折纸大师”或“折纸家”。这个称号并不是我和哼妈强加给小哈的。我们只不过把他的内在显现出来。在我看来，小哈本来就是一只“白天鹅”，我们要让他自己也看到自己是一只“白天鹅”，而不要误认为自己是一只丑小鸭。我们希望他一生都能从折纸中体验到快乐，哪怕只是把它当兴趣爱好。

第二，引导他多看。看的人多了或许他就能找到自己的榜样，看书、看电影都可以。昨天我给小哈上折纸课，小哈说他想要知道一些折纸比赛。我鼓励他自己搜索，他在我的指导下打开百度搜索，发现有国际折纸奥林匹克大赛，进而他发现了获得国际折纸奥林匹克大赛冠军的中国人裴浩正。他在百度上看了裴浩正的访谈节目。

我问他是否想看更多，他说想。我说你也可以在B站（哔哩哔哩）上搜索。他一搜索，发现裴浩正在上面有账号。我就鼓励他，先了解这个人再去看他的作品。于是小哈就继续搜索裴浩正其人，又看了几个相关视频。看了之后，小哈很激动，说自己学到了很多。我就问他学到了什么，他说原来还可以把情感、历史、科学等折到纸里。

在这个过程中，小哈突然问我最喜欢哪个作家。我告诉他，在爸爸眼里，有很多大师级作家。但要说最喜欢哪一个，我有点说不上来。因为不同的作家写的不一样，有的写绘本，有的写童话……小哈恍然大悟，他说他明白了，裴浩正和布施知子（我之前给他买过《折纸女皇布施知子的折纸艺术》一书）就折得不一样。

当然，榜样未必非要是折纸艺术家，也未必是真人。他的榜样可以是丑小鸭，可以是《狮子王》里的小狮子……

第三，以身作则。如果我是一个追求梦想的人，就能给小哈很好的影响。我问小哈，你觉得爸爸想成为什么样的人？他说作家。他想了一下问我，你不是已经是作家了吗？我说还可以写得更好，正如你现在是一个小小折纸家，但是还可以折得更好。

其实这些方法对我自己也适用。我的榜样是谁？村上春树是我的榜样吗？他写作，我也写作；他跑步，我也跑步；他是一个小说家，那么我呢？我写出来的是什么？我本来想写童话，但写不出来，就写现在这样的文字。但不管怎么说，他确确实实激励了我。

我之所以跑步，其实是受了村上春树很大的影响。在《当我谈跑步时，我谈些什么》《我的职业是小说家》这两本书中，他都提到跑步对他写作的重要性。他说写作是“彻底的个人体力劳动”：

“要想勉为其难，把这项工作孜孜不倦地坚持下去，什么才是必需的呢？不必说，就是持久力……那么，要想获得持久力，又该怎么做呢？对此，我的回答只有一个，非常简单，就是养成基础体力。获得强壮坚韧的体力，让身体站在自己这一边，成为友军。”“不想坚持不懈地向前推进肉体，仅仅打算积极地维持意志或灵魂的强人，那么依我所见，这在现实层面几乎毫无可能……如果虫牙阵阵作痛，就无法安坐在桌前写小说，哪怕你大脑中有多么美丽的构想，有多么坚定的意志要写小说。”

怎么获得强壮坚韧的体力，村上春树认为因人而异，要找到符合自己天性的方法。他的方法是跑步。

“我本来就喜欢跑步，仅仅是习惯性地坚持对自己胃口的事情而已。无论意志力多强，不对胃口的事也绝不可能连续做上30年……另外，30年可是漫长的岁月，要始终不渝地把一个习惯坚持下来，还是需要相当努力的。这种事是怎么做到的呢？因为我觉得跑步似乎具体而简洁地把几项‘我这一生中非做不可的事情’表象化了。所以即便心里想‘今天身体很不舒服，不太想跑步啊’，我也会告诫自己‘这对我的人生而言，可是无论如何非做不可的事’。几乎是无须理由地去跑。有一句话至今不变，对我来说就像祷语一般，那就是‘这对我的人生而言，是无论如何非做不可的事’。”

虽然我没有村上春树那样会写故事的才华，但我的日常安排是向他学习的；

“清晨起床，每天5～6小时集中心里力执笔写稿。像这样绞尽脑汁冥思苦想，脑袋势必会进入过热状态（还真有过头皮发热的情况），神志会老半天都朦胧不清。所以到了下午我就睡睡午觉，听听音乐，读读无害的书。这样一种生活过久了，肯定会导致运动不足，所以我每天大概都要外出运动一个小时然后再准备迎接第二天的工作。日复一日，就这样过着周而复始的生活。”

这就是榜样的力量。

《海鸥乔纳森》：君子谋道不谋食

----> 2022.11.22

《海鸥乔纳森》这本童话故事只有三四万字，很好读。在我看来，这本书很形象地阐述了孔子的一句话：君子谋道不谋食。

“他是那样非同一般。大多数海鸥不愿自找麻烦去学更多的飞翔技巧，只满足于简单地飞到岸边觅取食物，然后再飞走。他们并不在乎飞翔，在乎的只是吃。然而，对于这只海鸥来说，飞翔远比吃更重要。海鸥乔纳森·利文斯顿热爱飞翔，胜过一切。”

阿啃（蔡朝阳）老师特别喜欢这个童话。他说：“我最喜欢的童话是《小王子》，但影响我最深的童话却是《海鸥乔纳森》。”“这本书给了我极大的力量，去做自己想做的事。”“如果没有在我30多岁时读到这本书，那么，可能我也不会在43岁的时决定离开公职。因为海鸥乔纳森告诉了我很多道理，其中一条就是，始终要去追求你心里的那个渴望。”

我知道自己内心的渴望就是写作。但谋食好像是一个我无法抹去的障碍，是因为小时候穷怕了吗？对海鸥乔纳森来说“飞翔远比吃更重要”；对我来说应是“写作远比谋食更重要”。即便如此，这件事时时困扰着我，我觉得养家糊口是我的责任。

在审判海鸥乔纳森的大会上，长老用最庄严的声调发话：“海鸥乔纳森·利文斯顿，站到中间来……因耻辱而站到中间来，站到你的伙伴面前……因为他不计后果不负责任，还冒犯了海鸥家族的尊严与传统……有一天，你会明白不负责是不行的。生活是未知的，也不可知。我们只知道，我们来到这个世界就是为了糊口，并且想方设法延长寿命。”

我倒不觉得“我们来到这个世界就是为了糊口”，但我认同养家糊口是我们在这个世界的责任之一。我明白“不负责是不行的”。我也一再给自己“洗脑”：我现在所拥有的都是拜写作所赐。既然如此，我花更多时间写作，岂不是更能承担养家糊口的责任吗？

没有谁的资产是永远花不完的，因为人的欲望可以无限大。所以锦衣玉食，不是我所追求的。这样看来，我之所以焦虑、恐惧，并不是我们没有积蓄，而是我觉得自己没有赚钱的本事，没有一技之长。

难道写作不是我的本事吗？写作可以说是我的爱好，但还不能算是本事，尤其不能算是可以谋生的本事。正如有人说“人人都可以写作”，但能够以写作为职业的人是很少的。我愿意像海鸥乔纳森不断练习飞翔一样不断练习写作。终归有一天写作不仅是我的热爱，也是我的本事。

幸运的是，我现在不必靠写作为生，我并没有“裸辞”。我也还有时间练习写作，正如海鸥乔纳森练习飞翔一样。

海鸥乔纳森是怎么回应长老的指控的呢？从来没有海鸥对审判大会提出质疑，但乔纳森用“雄辩的声音”，“提高嗓门”说道：“不负责任？兄弟们！还有什么能比探索和追求一种生活意义、一种崇高的生活目标更负责任呢？千百年来，我们总是在争抢鱼头，但是现在我们有了更好的生活理由——去学习、去发现、去寻求自由！给我一个机会，让我展示给你们看……”

他说到这里，海鸥们“全都捂上耳朵，转过头去，将他抛弃”。就这样，他被流放了。“接下来的日子里，海鸥乔纳森孤独地度日。”在孤独的日子里，他不断练习飞翔，并以此为享受。“他学会了飞翔，丝毫不为付出的代价感到后悔。”

“海鸥乔纳森发现，无聊、害怕和愤怒是海鸥生命如此短暂的原因。从脑中抛开那些想法，他真真切切地过上了既长寿又美好的生活。”此后，海鸥乔纳森好像离开了地球，来到一个像天堂一样的地方。这里还有一群和他一样特立独行的海鸥。他问这里的一只长老海鸥吉昂：“到底有没有像天堂一样的地方？”

吉昂说：“没有。乔纳森，没有这样的地方。天堂不是一个地点，也不是一段时间。天堂是一种完美的状态。”

“乔纳森发现在这个地方要学的飞翔技能，和他在以前的生活里要学的同样多。不过，有一点不一样——这里的海鸥和他心灵相通。对他们来说，生活中最重要的事就是执着于自己的最爱，并使它日臻完美，而他们最爱的就是飞翔。他们都是优秀的海鸥，日复一日地练习飞翔，试验先进的飞翔技术。”

“日子一天一天过去，乔纳森发现自己时常想起故乡——曾经生活的地球……他站在沙滩上，思绪起伏。地球上会不会有一只海鸥正在挣扎着冲破自我的限制，发现飞翔的意义远远不是仅仅从渔船上觅得一点面包屑？”乔纳森“是位天生的导师，他奉献爱的独特方式，就是把自己所领悟的真理，传授给另一只向往真理的海鸥”。于是海鸥乔纳森在一瞬间就回到地球，帮助其他有梦想的海鸥。

我不也是一只正在挣扎着突破自我限制的海鸥吗？是的，生活的责任不只是谋食，更重要的是谋道，“探索和追求一种生活意义、一种崇高的生活目标”。当然，我也不必为谋食感到羞耻。毕竟，海鸥乔纳森也有妥协的时候。

有一次，乔纳森的父亲不无慈爱地对他说：“飞行当然是好事，可是，滑翔不能当饭吃呀。别忘了，会飞不过是为了吃。”“乔纳森顺从地点点头。接下来的几天，他努力像别的海鸥一样做。他真的努力了……可是，他做不下去。太没意思了。他想……我本来可以利用这些时间学习飞翔。不久，海鸥乔纳森又独自飞到遥远的大海上，虽然饥饿，却快乐地练习飞翔。”

还有一次，海鸥乔纳森也差点放弃飞翔。这次不是有别人劝告，而是他在一次飞行失败时，“沉入水中，一个奇异而空洞的声音从内心发出：没有办法，我是一只海鸥，天生就受到限制……乔纳森被说服了。从这一刻起，他发誓要做一只普普通通的海鸥。这样大家都会开心一点。”

是的，除了生存，还有内心的疑惑，会阻止人们追寻自己的热爱。这一路，我内心有很多的疑惑和纠结。我希望自己能够像海鸥乔纳森一样，不仅战胜对谋食的执念，也能战胜从内心发出的“奇异而空洞的声音”。

不要背叛自己

---->2022.11.23

明天是感恩节，我要在“早起奇迹训练营”做分享。今天修改了之前准备的内容，觉得挺满意的，至少我尽力了。不过，最后还可以做一点总结——

我想，很多成年人都会面临生计问题，谋生是人的责任，不管喜不喜欢都要承担。如果你不喜欢你的工作，不喜欢你作为生计来源的那件事，那确实会“汗流满面”，会活得很辛苦，人生仿佛是一场苦役，终其一生都是苦役。

怎么办？我的建议就是要去找自己喜欢的事情来做。当然，没有必要辞职去找。你可以在工作之余，去做一点自己喜欢，且让自己受益的事情，哪怕不赚钱，不能解决生计问题。因为做这些事情时，你会身心愉悦，你会充满正能量。这样的事情，一般被称为爱好。

如果工作之余，不做自己爱好的事情，就很有可能去做令人上瘾的事情，这是另一种消耗。这样，一个人不仅被工作困住，还沉迷上瘾之事，被其捆绑住，非常不自由。

所以，要特别重视规划时间去做自己爱好的事情。在爱好上花的时间越来越多，你就会越来越擅长，它们就会发展成你的特长。你把你的特长展示出来，别人会从中受益，你会得到越来越多的正向激励。

如果你越做越熟练，你的爱好有可能发展成为一份职业，成为你的生计来源。那么，此时它不仅是你的生计来源，也是你的幸福来源。你的爱好就成为你的使命。

当一个人发现自己的使命时，就不会那么担心生计问题了。因为他在为这个世界创造价值，他相信会有所回报。即使没什么回报，那他也会非常享受实践使命的过程。当然，我一再说，有自己的爱好就很好，就能够给自己加油充电。不用非要把爱好发展成使命，也不是非要把爱好变成副业去赚钱。你通过爱好给自己充满正能量后，可以应对生活与工作的各种挑战，这本身就是爱好带来的丰厚回报。

以我为例，我如今慢慢觉得写作可能是我的使命。要说起来，我很小的时候就喜欢写作。但我以前是有一搭没一搭地写，没有刻意练习，没有刻意安排，没有天天写，没有天天去爱自己。

甚至有一段时间，我把写作丢掉了，我不写了。虽然我喜欢写作，但会因各种各样的原因无法坚持。在这些原因里，有各种诱惑，也有各种压力，最重要的原因是，我没有把写作当作自己的爱好确认下来，没有把写作当作爱自己、关心自己、让自己快乐、给自己加油充电的一件事。

在那段时间里，我不写就痛苦。可人总是要寻求快乐的。我不写作，那我有时间会去做上瘾的事情，整个人就很累，很愁苦。我受了这么多苦后，终于确认了写作是我的爱好，甚至有可能是使命。在写作的时候，我感觉自己是一条回到了水里的鱼，只有这样才可以呼吸，才自由自在。

有一次巴菲特问一个28岁的哈佛大学学生："以后你有什么打算？"那个学生说："等我MBA毕业后，可能先进一家咨询公司，这样能给简历增加一些分量。"巴菲特说："你才28岁，已经有这么漂亮的工作经历了，你的简历比一般人的漂亮10倍。你还接着做自己不喜欢的工作？"

巴菲特说："或早或晚，你们都应该开始做自己真心想做的事，挑一个自己真心喜欢的工作，别为了让自己的简历更漂亮而工作，要做自己真心喜欢的事，这样早晨你会从床上跳起来。我有一份我热爱的工作，我一直都在做我喜欢的工作……你财富自由之后想做什么工作，现在就该做什么工作，这样的工作才是理想的工作。做这样的工作，你会很开心，能学到东西，能充满激情。每天会从床上跳起来，一天不工作都不行。或许以后你喜欢的东西会变，但是现在做你喜欢的工作，你会收获很多。我根本不在乎工资是多少。"

小野二郎九十多岁时，生了一次大病，他觉得这么大年纪又生病做了手术，可以休息了吧？休息一阵子之后，他觉得自己像行尸走肉，于是他又出来给别人捏寿司。

画家草间弥生说：若不是因为艺术，我早就自杀了。她画画的时候无比专注，将心注入，但她不画画的时候就想自杀，所以24小时都有人看护着她。

也就是说，当一个人不做自己爱好的事情，不去发挥自己的恩赐特长，不去践行自己的使命时，他其实会很痛苦，心里没有安宁。

你践行自己的爱好、使命，就会很喜乐很幸福。你就不会对不好的事情上瘾，也不会那么担心生计问题。当然，这不是说完全没有痛苦，而是说你为了爱好、使命心甘情愿地承受。

我们所爱的人，我们所爱的事，都需要我们好好呵护。在付出爱的过程中，我们会体验到快乐。若是有别的回报，那是额外的赏赐。

愿你守住自己喜欢的事

----> 2022.11.24

今天是感恩节（2022年11月24日），每个特殊的日子都会让我多想一些。

昨晚，我在睡梦中隐隐约约产生了一个想法：我想举行一个仪式。在这个仪式中，我会宣布自己以后要与写作为伴，像结婚仪式一样，宣告我和它“结婚了”。如果说好婚姻，就是一次又一次爱上对方，那么，好事情，就是一次又一次爱上的事。

你好好回想一下：你有什么兴趣爱好？什么事是你一次又一次想去做的？虽然生活中有各种压力、诱惑，有各种问题，但总有那么一两件事，让你忍不住一次又一次地去做（不是说上瘾，上瘾是那种你在主观上渴望摆脱却无法停下来的事）。

我让你想的这件事是你一直愿意去做的事，你也许从小就开始做了，虽然在这么长的时间里，它被中断了，可能是小时候爸爸、妈妈或老师不让你做；可能是你被生存压力压得喘不过气，顾不上做；可能是你对某件事上瘾，停不下来，无暇去做；可能是你在追赶“风口”、机会，总想等等再做……可这件事总是顽强地出现在你的生活中。

你一次又一次想去做的事就是你的爱好。如果它被中断了，你要把它重新捡起来，去确认它到底是不是你的热爱。怎么确认？不是在那里冥思苦想，而是在做这件事的过程中去感受自己是否快乐，做完之后是否充满能量，对生活是否有了掌控感。如果没有，那就再花一两个月的时间，去测试下一个。

坚持每天写作两个月后，我终于确认了它是我的爱好，是我的热爱。你终究也会找到真正的兴趣爱好。

确认了你的兴趣爱好之后，最好有一个承诺，就像结婚仪式一样。你说：“我要和它‘结婚’了。”从此以后，不管贫穷或富有，健康或疾病，顺境或逆境，我都要爱它，我要天天爱它，直到永远。在和爱好“结婚”之前，你全凭感觉。“结婚”之后，就不能只凭感觉了，你不能像之前一样想起来才去做，要知道，生活中有各种因素，会让你想不起来、做不下去。你要靠承诺去坚持。

正如我和哼妈写的书——《好婚姻，就是一次又一次爱上对方》——所暗示的，我们之所以结婚，是因为我们对彼此有爱的感觉。但婚姻里有很多挑战，除了柴、米、油、盐，随着我们越来越了解对方，对方的缺点也会越来越明显。怎么办？就要靠婚礼上的承诺，努力去爱对方，直到永远。

没有任何力量能把我们分开，除了死亡。对所爱的人要这样，对所爱的事情也要这样。

选择所爱之后，难免会遇到瓶颈，在没有感觉的时候，怎么办？努力去爱，去投入。去爱了，往往就会有爱的感觉，努力去爱、去投入，一般会有作品、有成果，你就会受到正向激励，就会形成一个正反馈的循环。

乔布斯在斯坦福大学的经典演讲里说："你必须找到你的真爱，无论工作还是爱人。工作将会占据生活中很大一部分时间，只有相信自己所从事的工作是伟大的，你才能怡然自得，而工作是否有意义的唯一标准就是热爱。如果你现在还没有找到你的所爱，请继续寻找，不要停下脚步。在你找到它的时候，你的内心会告诉你。就如同任何真诚的关系一般，岁月的流逝只会让它变得越来越好。所以努力寻找，不要停下脚步！"

这个演讲里还有一句很重要的话："你不可能在眺望未来时把生活中的每个点连接起来，只有回顾时才能连点成线。"这句话给了我灵感，也许，我所写的内容不需要很高深，我可以梳理自己过去几个月所产生的思绪。我要相信，每一个点都终将被连成线。怀抱着这样的信念，我就会珍惜每一个点、每一个当下，珍惜我写下的每一个字。把零碎的、点状的日记连成线，也就成了一本书。这是可能的吗？我觉得有这种可能性。

话虽如此，面对过去这两个多月用"倾泻式写作"写出来的文字，我常常怀疑自己写得过于细碎。我有时候会给自己打气，对自己说要相信它们有价值，只是要找到合适的线索进行编选而已。没想到这个线索很快就来了，不过两个多月而已，来得这么猝不及防。

今天上午，我与大家分享的“从爱好到使命”很受欢迎，它让我意识到自己手里捏着一根线头，这很有可能是一根把过去两个多月的文字连起来的线，它让我想写一本与此有关的书。

我想起《爷爷一定有办法》这本经典绘本所讲的故事。小约瑟有一块蓝色的毯子，当毯子变得破旧之后，妈妈极力劝他丢掉，他找到爷爷，因为“爷爷一定有办法”。爷爷拿着剪刀咔嚓咔嚓地剪，再用针线缝进缝出，最后爷爷说：“这块料子还够做……”破旧的毯子在爷爷的手中变成外套、背心、领带、手帕、纽扣。

奇妙的是，在爷爷缝制加工的过程中，有一些碎布片顺着阁楼的地板缝掉到了楼下的老鼠家。老鼠一家利用这些碎布片也做了许多好东西。

最后小约瑟灵机一动，将整个过程写成了故事，就是《爷爷一定有办法》。

很多时候，我就像小约瑟的妈妈对待那块毯子一样对待自己的文字，以为写下的文字没有价值，弃如敝屣。没想到，我无意间找到的一根线头，就有可能把它们“缝制”成一本书。甚至，以后我可能会找到更多的线头，把它们“缝制”成“外套、背心、领带、手帕、纽扣”。即使那些剩下的“碎布片”，也会有

“住在楼下的老鼠一家”来好好利用。

在这根线头的牵引下整理这段时间的文字，对我自己来说，是对我与写作的“婚约”的再确认；对读者来说，看到的不只是我和写作的“婚礼”，也有我收集自己所爱的“碎布片”的过程。

愿你找到并守住自己的热爱。

后记

POSTSCRIPT

让自己幸福起来

---->哈　爸

今天是我和哼妈结婚14周年的日子。

怎么过？我想起曾经很激励我的一句话，是思想家爱默生说的："一个人对世界最大的贡献，就是让自己幸福起来。"我就说，我能给哼妈最好的礼物，是让自己幸福起来。

2022年9月，应该是我人生的"至暗时刻"，整个人跌到最低谷、最深渊的地方。

2021年中，我从自己创办的大V店离职，从此便处于一种失控的"自由落体"的状态下。在此之前，我们公司正在筹备上市。那时，我意气风发，算是高高在上的将要上市的公司的创始人。

“双减政策”一来，整个教培行业都遭到了毁灭性的打击。我们也不例外，虽然我们不研发K12的课程，但我们帮着销售新东方、好未来、作业帮、猿辅导等的课程。上市无望了。

这对我来说，无疑是当头一棒，完全把我打蒙了。看到俞敏洪老师转型，把“东方甄选”做得风生水起，我只有钦佩的份，却没有力量、心气儿再做什么。

从公司离职后，我一直处于失业状态。正如我在2022年9月22日的日记所写的：“我现在的生活让我觉得没来由的沮丧、焦虑、压抑，看不到希望，没什么正能力，尽是劳苦烦愁。”

这确实是至暗时刻。但也是从这一天起，我从谷底开始慢慢爬升。

找了一年多工作后，我也对找工作绝望了，也就不再找工作，不再寻找赚钱的机会，越找碰壁越多，受伤就越多。

看起来是机缘巧合，在任溶溶老先生去世的那天（2022年9月22日），我开始写日记，从这微小的改变开始。我感觉现在自己重新站立了起来。事业上虽然还没有“东山再起”，甚至还是没有正式的工作，也赚不到什么钱，但整个人的状态很好。

那时，爱默生的这句话激励了我。我会想，我找不到工作，没有自己的事业，创造不了什么价值，对世界没有什么贡献，但我最起码可以让自己幸福快乐起来。这在爱默生看来就是一个人对世界最大的贡献。

哼妈虽然没有看过这句话，但她总是向我表达类似的意思，如“开心就是生产力”。她始终相信，人比事更重要；人对了，事情终究会对的。

怎么让自己“对”起来？若是能找到工作，找到赚钱的机会，那当然去找。但实际上，人若不对，即使找到工作，也把握不住。这就好比一个剑客，若是病得气若游丝，他就用不好剑。这时，他应该静卧休养，而不是到处找剑。

我通过写日记、跑步、早睡早起、阅读等方式“静卧休养”。在这个过程中，我也把一些消耗我的恶习戒掉了：抽烟、刷短视频、玩斗地主游戏、熬夜……就这样过了一年。

终于，从2023年9月12日起，我开始觉得心里有力量日更公众号了。从9月23日（刚好写了一年日记后）起，我和哼妈开始接受别人的咨询。是的，我恢复到觉得自己有能量帮着别人的阶段。

接了不少咨询后，我有一个深切的感受：大家都很焦虑。通常来说，我会对失业中的来访者说，与其焦虑怎么赚钱找工作，不如照顾好自己。让自己幸福起来，家人也幸福，工作、赚钱的机会也会自然出现。

现在我很幸福，很感恩，愿你亦如是。

2023/10/20